2023 年
全国优秀决策气象服务材料汇编

主　编：向　欣
副主编：孙　伟　孙　贺

气象出版社
China Meteorological Press

内 容 简 介

本书收录了2023年重大灾害性天气过程预报服务、天气气候监测评估与预测、生态环境保护、农业决策气象服务、防灾减灾体系建设及其他五大类内容42篇国家级和省级、市级优秀决策气象服务材料。为了提高本书质量，在汇编过程中，经过各级气象部门逐级上报、专家评审、修订、校对等多个环节，力争达到更好的应用效果，供全国气象服务工作者参考和借鉴。希望本书对于加强决策气象服务人员交流，启发和拓展气象服务思路，提高气象服务敏感性、针对性和科学性等方面具有更好的借鉴和指导意义。

图书在版编目（CIP）数据

2023年全国优秀决策气象服务材料汇编 / 向欣主编.
北京 : 气象出版社, 2024. 10. -- ISBN 978-7-5029
-8315-4

Ⅰ. P49

中国国家版本馆CIP数据核字第2024CJ8074号

2023年全国优秀决策气象服务材料汇编

2023 Nian Quanguo Youxiu Juece Qixiang Fuwu Cailiao Huibian

出版发行： 气象出版社
地　　址： 北京市海淀区中关村南大街46号　　**邮政编码：** 100081
电　　话： 010-68407112(总编室)　010-68408042(发行部)
网　　址： http://www.qxcbs.com　　**E-mail：** qxcbs@cma.gov.cn
责任编辑： 陈　红　　**终　　审：** 张　斌
责任校对： 张硕杰　　**责任技编：** 赵相宁
封面设计： 地大彩印设计中心
印　　刷： 北京建宏印刷有限公司
开　　本： 787 mm×1092 mm　1/16　　**印　　张：** 10.5
字　　数： 269千字
版　　次： 2024年10月第1版　　**印　　次：** 2024年10月第1次印刷
定　　价： 90.00元

《2023 年全国优秀决策气象服务材料汇编》编写组

主　　编：向　欣

副 主 编：孙　伟　孙　贺

参编人员（按姓氏笔画排序）：

王秀荣　王莉萍　王维国　艾婉秀

田　华　李修仓　杨　琨　张立生

张建忠　赵慧霞　袁　媛

前　言

2023年，我国天气形势复杂，灾害性天气频发。汛期暴雨致灾性强，京津冀等地7月29日至8月1日出现历史罕见极端强降雨过程；台风生成及登陆个数偏少，但登陆时强度偏强，台风极端强降水事件多发；高温天气过程呈出现早、影响范围广、区域叠加、极端性强等特点；全年强对流过程较近5年同期略偏少，但局地致灾重。

在复杂的天气形势下，各级气象部门始终坚持"人民至上、生命至上"，牢固树立大局意识、责任意识和服务意识，不断提升气象服务水平和技术支撑能力，圆满完成了暴雨、台风、强对流、高温、寒潮、沙尘、大雾等各类灾害性天气事件的服务工作。同时，顺利完成了春运、两会、成都大运会、杭州亚运会等重大活动以及内蒙古阿拉善煤矿坍塌、"鲁蓬远渔028"渔船倾覆、甘肃积石山地震等突发事件的气象保障服务工作。各级气象部门恪尽职守，为国家防灾减灾贡献力量，向党中央、国务院、相关部委及当地政府及时报送的决策服务信息，获得了批示和肯定，也取得了良好的服务效果。

为了促进各地、各级气象部门决策气象服务经验交流，启发和拓展气象服务思路，提高决策气象服务业务能力，编者在参加评选的国家级和省、市级决策气象服务的材料中，遴选出42篇优秀决策气象服务材料，汇编成此书。该汇编共涉及重大灾害性天气过程预报服务、天气气候监测评估与预测、生态环境保护、农业气象决策服务、防灾减灾体系建设及其他共五大类内容。材料汇编过程中，得到了国家气象中心、国家气候中心、国家卫星气象中心、中国气象局气象探测中心、中国气象局公共气象服务中心和各省（区、市）气象局的大力支持，在此一并表示感谢。

中国气象局决策气象服务中心

目　录

前　言

第一篇　重大灾害性天气过程预报服务

热带气旋“弗雷迪”对我国防台风工作的启示 …… 3
4 月 2—3 日湖北省将迎来 2023 年首场强降雨，需防范暴雨、强对流等天气的不利影响 …… 7
5 月 11—15 日云南省将出现持续较强降水过程，需加强防范旱涝急转产生的次生灾害 …… 8
2023 年以来北方沙尘传输及沙源地卫星遥感地表参数综合分析 …… 11
16 日开始湖南省将进入雨水集中期，未来 10 天强降雨带在湖南省呈阶段性南北摆动，致灾风险高 …… 14
台风“泰利”加强为强热带风暴级，桂南和沿海台风灾害风险较高，需加强防范 …… 18
台风“杜苏芮”将对厦门市造成严重影响 …… 22
26 日下午至 28 日甘肃省武威以东有明显降水，局地有暴雨，需防范强降水落区叠加及局地强降水造成的不利影响 …… 25
台风“杜苏芮”即将登陆并北上发力，7 月 29 日至 8 月 2 日天津市及海河流域将有强降雨过程 …… 29
北京市将有暴雨到大暴雨，局地特大暴雨，此过程极端性和致灾性强，建议加强次生灾害防御 …… 31
2023 年第 5 号台风“杜苏芮”特征及对河南省影响 …… 34
台风“海葵”及其残涡带来的强降水已结束，地质灾害有滞后性，仍需注意防御 …… 37
台风“杜苏芮”及华北极端强降水观测服务案例分析与思考 …… 42
2023 年第 16 号台风“三巴”评估 …… 45
5 日夜间至 6 日黑龙江东部地区有大暴雪、雨雪冰冻天气，局地降水量将突破历史同期极值 …… 48
26 日夜间至 28 日重庆西部地区暴雨持续，局地大暴雨(暴雨Ⅲ级预警) …… 51
15 日起强寒潮将影响苏州市，16—18 日有持续低温冰冻天气 …… 53

第二篇　天气气候监测评估与预测

2022—2023 年海南省冬春(1—5 月)气候趋势预测 …… 57

贵州省 2022/2023 年夏秋冬连旱严重，预计 2023 年汛期将旱涝并存，需防汛抗旱并重…… 60
2023 年北京防汛形势分析及风险隐患和对策建议 …………………………………… 63
玛旁雍错和班公湖湿地变化及气候影响分析 ……………………………………… 68
近 10 年上海市高温中暑特征分析及应对措施 ……………………………………… 73
四川秋雨提前，建议关注秋收秋种秋管 ……………………………………………… 77
厄尔尼诺事件对河北省气候影响分析及秋冬季气候趋势预测 …………………… 81
飓风“丹尼尔”重创利比亚对我国防灾减灾救灾的启示 …………………………… 86
厄尔尼诺事件将加大气象灾害风险，2024 年安徽省气候年景偏差 ……………… 89

第三篇　生态环境保护

2022 年度江苏省生态气象监测公报 ……………………………………………………… 93
3 月 15 日以来全国森林草原火险情况分析及 4 月下旬至 5 月森林草原火险趋势预测 …… 98
中南半岛“烧芭”致我国云南等地空气质量下降，建议与缅老泰越加强科技合作，共护良好生态环境 ……………………………………………………………………………… 101
泰山区域生态气候条件趋好，适应气候变化作用凸显 …………………………… 104
西藏那曲市色林错水位上涨，气象条件专题分析报告及措施建议 ……………… 109

第四篇　农业气象决策服务

内蒙古自治区大豆可种植区边界北扩西移，可种植面积明显增大 ………………… 117
气候变化对枸杞生长发育的影响及对策建议 ……………………………………… 119
陕西地区冰雹时空分布特征及其对玉米生产的影响与灾害防范 ………………… 125
台风“卡努”将给东北地区带来较强风雨天气，正值作物产量形成关键期，谨防渍涝灾害和倒伏 ……………………………………………………………………………… 130
辽宁省 2023 年玉米生产智慧气象服务效益评价对比试验效益报告 …………… 133
近 62 年气候变化对吉林省农业的影响分析 ……………………………………… 138
江西省入冬后首场强寒潮对农业生产影响小，天气转好仍需加强冻后管理 …… 143

第五篇　防灾减灾体系建设及其他

青南地区（玉树、果洛）虫草采挖季雷电灾害分析报告 …………………………… 147
我国城市防汛存在的问题及对策建议 ……………………………………………… 151
杭州亚运会开幕式气象风险分析预测 ……………………………………………… 155
2023 年冬季极端天气可能导致局部电力供需偏紧，建议高度重视气候对能源安全的影响，加快构建我国能源安全监测预警体系 ……………………………………… 159

第一篇

重大灾害性天气过程预报服务

热带气旋“弗雷迪”对我国防台风工作的启示

杨琨　王维国　张永恒　钱奇峰
（国家气象中心　2023年3月28日）

摘要：2023年热带气旋“弗雷迪”自生成后一路西行，横跨整个印度洋，先后3次登陆，造成马拉维、马达加斯加、莫桑比克等国出现极为严重的灾害，引起国际社会瞩目。其致灾原因主要在于其生命史超长、登陆次数多且强度较强、影响持续时间长、多灾种叠加，当地防灾救灾能力薄弱导致灾情持续扩大。我国是世界上受台风灾害影响最严重的国家之一，近年来呈现出登陆台风强度增强、北上台风数量增多等特征，高影响台风事件时有发生。台风还会引发远距离极端暴雨事件，对我国人民生命财产安全造成严重威胁。预计2023年，西北太平洋和南海海域生成台风、登陆我国台风的数量与总体强度接近常年，可能有1～2个北上台风登陆或严重影响我国东部地区。目前我国还没有进入台风主要影响时段，但应关注和借鉴热带气旋“弗雷迪”致灾原因，结合我国台风趋势和防灾形势，提前做好灾害应对工作。

一、热带气旋“弗雷迪”概况

热带气旋“弗雷迪”于2023年2月6日夜间（北京时间，下同）在澳大利亚西北海域生成，并持续向偏西方向移动，强度逐渐加强；2月14日晚上移入西南印度洋洋面，19日在马达加斯加以东洋面达到最大强度，相当于我国的超强台风级（17级以上，62米/秒）；21日登陆马达加斯加东部沿海（强台风级，14级，图1），而后迅速减弱，在莫桑比克海峡期间又再次加强，于24日登陆莫桑比克中部沿海（台风级，12级）并减弱为热带低压；但其残余热带低压环流并没有消散，而是在莫桑比克南部到莫桑比克海峡西侧一带长时间徘徊，3月4日再次加强为热带风暴级，以后强度继续加强，于3月12日登陆莫桑比克中部沿海（台风级，13级，图2）；中央气象台13日20时对其停止编号。

热带气旋“弗雷迪”生成后一路西行，跨越了澳大利亚西北海域和西南印度洋，总行程长达1.2万千米，是有气象记录以来生命史最长的热带气旋。受热带气旋“弗雷迪”及其减弱后的低压带来的持续强风雨影响，马拉维、马达加斯加、莫桑比克等国出现了极为严重的灾害；据新闻媒体报道，热带气旋“弗雷迪”已造成马拉维511人死亡，马达加斯加和莫桑比克也有上百人死亡。

中国气象局密切关注热带气旋“弗雷迪”动向与影响。2月7日至3月13日，共发布《全球热带气旋监测公报》56期，提供“弗雷迪”路径、强度和风雨预报，指出热带气旋“弗雷迪”减弱后低压环流将长时间维持，会带来持续风雨影响。此外，报送《两办刊物信息》4期，滚动更新热带气旋“弗雷迪”实况预报，提示当地中国公民要做好防范。3月17日，《中国气象

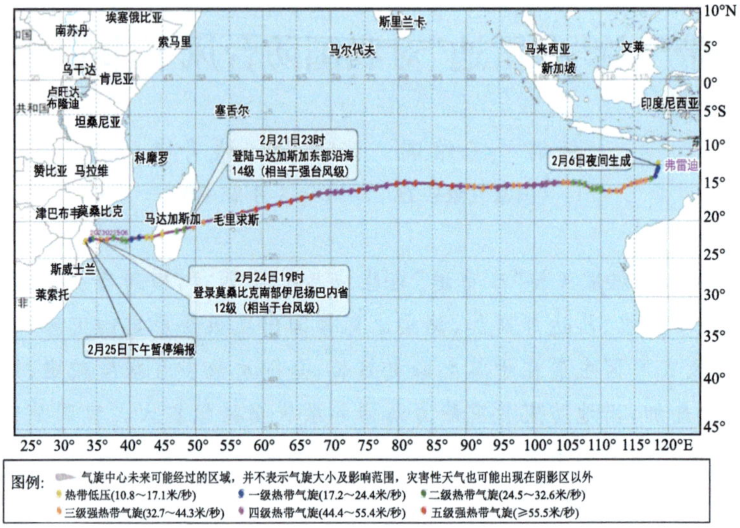

图1　中央气象台针对热带气旋“弗雷迪”的实况路径(2023年2月6日20时至25日14时)

图2　中央气象台针对热带气旋“弗雷迪”的实况路径(2023年3月4日14时至13日20时)

报》发布热带气旋“弗雷迪”专题报道，呼吁各界重视高影响台风活动，防范可能造成的自然灾害风险和社会风险。

二、热带气旋“弗雷迪”致灾原因分析

热带气旋“弗雷迪”之所以造成如此严重的灾害影响，引起国际社会瞩目，主要有以下原因：

一是热带气旋“弗雷迪”生命史具有明显极端性。热带气旋“弗雷迪”生命史长，是有气象记录以来生命史最长的热带气旋，也是 2000 年以来第一个横跨整个印度洋的台风，且在发展过程中不断增强，累计能量和生命史长度均创历史纪录。

二是登陆次数多，登陆强度较强。热带气旋“弗雷迪”共历经 3 次登陆，其中两次在莫桑比克，一次在马达加斯加，登陆强度都在台风级或以上。

三是影响持续时间长，多灾种叠加。热带气旋“弗雷迪”及其减弱后的低压环流对非洲的累计影响时间接近一个月，最大累计降雨量超过 1000 毫米，并引发洪涝、山体滑坡、泥石流等多种灾害。据风云气象卫星监测估算，洪涝面积达到 7.6 万平方千米。此外，热带气旋“弗雷迪”导致大量卫生机构被毁，加剧非洲的霍乱疫情；还一度造成南印度洋主航线的中断，影响了东亚—南非等的贸易运输。

四是防灾救灾能力薄弱。马拉维、莫桑比克、马达加斯加均属世界最不发达国家之列，以农业为主，基础设施落后，防灾能力弱。其中，热带气旋“弗雷迪”影响马拉维近半国土面积，导致各类设施损毁严重，且救灾力量非常薄弱，导致灾情持续扩大。

三、近年来我国台风灾害特点

我国是世界上受台风灾害影响最严重的国家之一，平均每年有 7 个台风在我国沿海登陆，造成巨大经济损失，并对人民生命安全带来严重威胁。热带气旋“弗雷迪”致灾原因对我国防台风工作有警示作用，尤其要注意以下台风灾害特点：

登陆我国的台风强度呈增强趋势，北上台风数量增多。近 10 年(2012—2021 年)登陆我国的台风呈现总体增强的趋势；1949 年以来登陆我国最强的 20 个台风中，出现在近 10 年的有 5 个。近 10 年约有 10 个台风北上影响我国北方地区，比之前 10 年(2002—2011 年)多 3 个；其中，进入东北地区的台风年均 0.8 个，明显多于常年平均值(0.37 个)。

高影响台风事件时有发生。2020 年台风“巴威”“美莎克”和“海神”半个月内连续影响东北地区，历史罕见；2021 年，台风“烟花”影响我国东部地区的时间达 10 天，是有记录以来影响我国大陆地区时间最长的台风；2022 年，台风“梅花”先后 4 次登陆我国浙江、上海、山东和辽宁，并打破了 1949 年以来秋台风登陆最北界纪录。上述台风均对我国造成了较大影响。

台风强度不强，但灾害影响可能很大。台风灾害影响并不一定完全与台风强度成正比，有的台风强度很弱，但可能回旋停滞、影响持续时间长，也会导致严重灾害。2010 年国庆假期前后，有热带低压在海南岛周边回旋了约一周时间，导致海南岛大范围强降雨，东部雨量达到 1000～1800 毫米，造成严重洪涝灾害。

多灾害叠加导致台风影响加大。近 10 年来的重大台风灾害中，台风“菲特”(2013 年)、“山竹”(2018 年)、“利奇马”(2019 年)均引发了严重洪涝灾害，台风“菲特”和“利奇马”造成的经济损失超过 500 亿元，位列 2000 年以来前两位；台风“莫兰蒂”(2016 年)、“天鸽”(2017 年)影响期间，风暴增水叠加天文大潮，造成城市受淹、房屋倒塌、基础设施损坏等情况。

台风可能还会引发远距离极端暴雨事件。已有研究表明，2021 年“7·20”河南郑州极端暴雨的发生与当时位于西太平洋上的2106号台风“烟花”的存在有关。此类事件更加大了防灾难度。

四、2023年台风趋势预测与影响

预计2023年，在西北太平洋和南海海域将有24～27个台风生成，其中有6～8个登陆我国，台风生成个数（常年25个）、登陆个数（常年7个）及总体强度均接近常年。台风活动路径以西行为主，主要影响我国华南东部和华东沿海地区，可能有1～2个北上台风登陆或严重影响我国东部地区。受台风影响，我国华南东部、华东以及华北东部、东北地区等地可能出现区域性暴雨过程和大风灾害，并存在发生洪涝、山洪、地质灾害、风暴潮等次生灾害的风险。

五、关注与建议

目前，我国还没有进入台风主要影响时段，但应关注热带气旋“弗雷迪”的致灾原因，高度重视，提前做好台风防范准备工作，具体如下：

一是提升台风精密监测能力和自动化智能化水平。针对台风以及大风、暴雨等灾害性天气，应综合应用多源观测和实况分析大数据，强化观测与预报互动，开展高影响天气实时监测提醒和极端天气感知，提升监测业务与产品制作的自动化和智能化水平，为灾害防御提供坚实基础和可靠依据。

二是强化科技攻关，提升核心预报技术水平。近年来登陆我国台风强度有增强趋势，应聚焦防灾减灾需要，发展完善主客观融合的预报预警技术，延长重大过程预见期，提升预报准确率，提高智能数字预报能力，建立中长期预报和早期预警产品体系，将关口前移，更好地发挥防灾减灾第一道防线的作用。

三是提升极端事件应对和灾害影响预估能力。全球气候变暖背景下，台风相关极端天气气候事件增多，影响加剧，北上台风增多对粮食安全也带来了更大的风险。目前，极端天气的预报预测能力和灾害影响预估能力还有待提升，要深入开展致灾机理和灾害影响研究，提前识别预估灾害风险和影响对象，更有针对性地开展防御工作。

四是加强应急联动，协同做好防台风工作。台风灾害影响面广，多灾种集聚和灾害链特征突出，要坚持“人民至上、生命至上”，加强数据共享、应急管理和部门联动，多方协同配合，进一步完善气象灾害防御体系和机制，并增强全民防灾减灾意识，以提升台风灾害的综合防御和应对能力。

4月2—3日湖北省将迎来2023年首场强降雨，需防范暴雨、强对流等天气的不利影响

吴翠红　王晓玲　徐双柱　罗昱　明绍慧
（湖北省气象局　2023年3月31日）

摘要：预计4月2—3日湖北省将有一次强降雨过程，并伴有明显短时强降水、雷电大风、冰雹等强对流天气。此次过程总体有利于旱情，但局部强度大、强对流明显且伴有降温过程，需注意防范不利影响。

根据最新气象资料分析，预计4月2—3日湖北省将有一次强降雨过程（图1），并伴有明显短时强降水、雷电大风、冰雹等强对流天气。主要有以下特点：一是降雨强度大，鄂西北中到大雨、局部暴雨，其他地区大到暴雨、局部大暴雨，主要降雨中心位于恩施南部、宜昌东部、荆门、荆州、孝感、武汉、黄冈、鄂州、黄石、咸宁等地，上述地区累计雨量一般50～120毫米，局部150～180毫米。二是强对流明显，中东部将有短时强降水、雷电大风、冰雹等强对流天气，最大小时雨强40～60毫米/时，短时大风可达8～11级。三是伴有降温过程，3日开始气温下降，降温幅度一般4～6 ℃，局部8 ℃左右。

鉴于此次过程累计雨量大，总体有利于缓解旱情，但局部雨强大并伴有明显强对流天气，鄂西南和鄂东地质灾害风险较高，鄂东中小河流洪水风险高。建议：一是做好强降雨引发的山洪、滑坡、泥石流灾害及城乡内涝防御工作；二是注意防范大风、雷电、冰雹等灾害性天气对交通航运、城市运行、设施农业、户外施工等的不利影响；三是注意做好田间管理，防范降雨及强对流天气对春耕春播的不利影响。

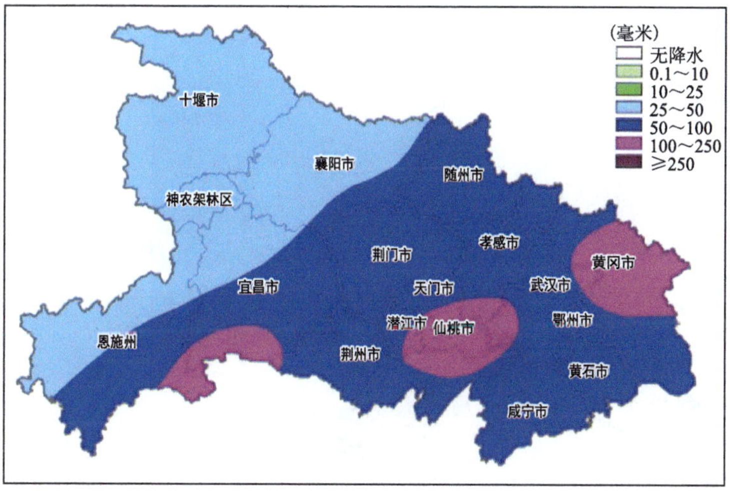

图1　4月2—3日湖北省累计降水量预报

5月11—15日云南省将出现持续较强降水过程，需加强防范旱涝急转产生的次生灾害

赵宁坤　朱莉　海云莎　陈小华　王治国

（云南省气象台　2023年5月8日）

摘要：受冷空气、孟加拉湾风暴影响，预计5月11—15日云南省将出现一次持续性较强降水过程，其中滇南、滇西将出现中到大雨局部暴雨，过程累计雨量为50～80毫米，局地超过100毫米，并伴有雷暴、大风、冰雹等强对流天气；过程期间，云南省大部最高气温将下降6～8 ℃，局地下降10～12 ℃。此次过程持续时间长、降水范围广、累计雨量大、强对流天气突出、降温幅度大。降水有利于缓解气象干旱、降低森林火险气象等级，但需加强防范旱涝急转造成的山洪、滑坡、泥石流灾害以及强对流天气的不利影响。

一、5月11—15日云南省将出现持续较强降水过程

持续时间长，降水范围广，累计雨量大：此次过程将持续5天左右，全省大部地区累计雨量超过20毫米，其中滇南、滇西为50～80毫米，局地将达100毫米以上（图1）。

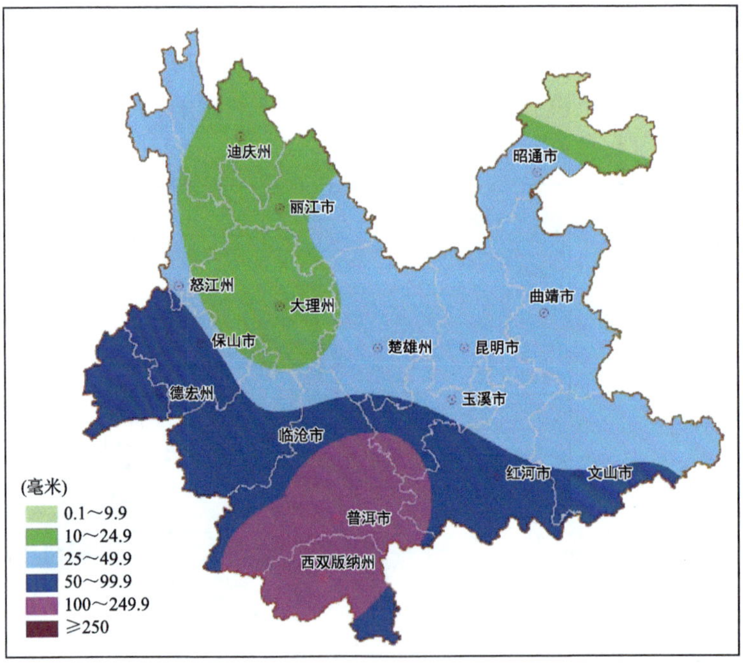

图1　云南省2023年5月11—15日降雨量预报

强对流天气突出：云南省大部有雷电，南部和西部将出现雷暴、大风、冰雹等强对流天气。

降温幅度大：云南省自东向西将出现较强降温，最高气温普遍下降 6～8 ℃，局地下降 10～12 ℃（图 2）。

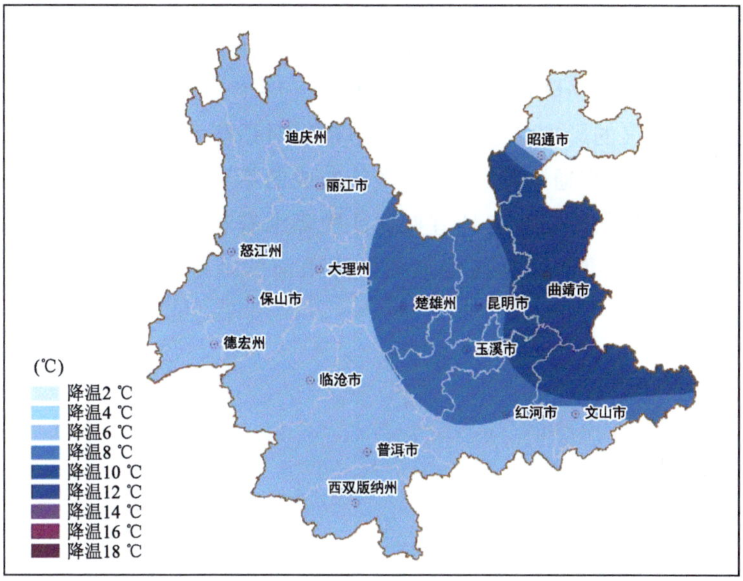

图 2　云南省 2023 年 5 月 11—15 日过程最高气温降幅预报

各州（市）天气预报：

5 月 11 日：玉溪南部、普洱东部、西双版纳、红河南部、文山南部阴有中到大雨局部暴雨，昆明、楚雄、玉溪北部、红河北部阴有小到中雨局部大雨，昭通、曲靖、文山北部阴有小雨，其他地区多云有阵雨。

5 月 12 日：临沧南部、普洱南部、西双版纳、玉溪南部、红河南部阴有中到大雨局部暴雨，其他地区阴天间多云有小雨局部中雨。

5 月 13 日：临沧南部、普洱南部、西双版纳、玉溪南部、红河南部、昭通南部、曲靖、昆明北部、楚雄北部阴有中雨局部大雨，其他地区阴有小雨局部中雨。

5 月 14 日：德宏、保山、临沧、普洱、西双版纳、玉溪南部、红河南部阴有中到大雨局部暴雨，其他地区阴有小雨局部中雨。

5 月 15 日：保山、德宏、临沧、普洱北部阴有中到大雨局部暴雨，其他地区阴有小到中雨局部大雨。

昆明天气预报：

5 月 11 日：阴有小到中雨，13～22 ℃，偏东风 2 级；

5 月 12 日：阴有小雨，13～18 ℃，偏东风 2 级；

5 月 13 日：阴有小雨，14～20 ℃，偏东风 2 级；

5 月 14 日：阴有小雨，15～21 ℃，东南风 2 级；

5月15日：阴有小雨，15～22 ℃，西南风2级。

二、关注重点和建议

（1）防范局地旱涝急转可能引发的山洪、滑坡、泥石流灾害。前期云南省晴热少雨，气象干旱偏重，此次过程可有效缓解气象干旱、降低高森林火险气象等级。西部和南部局地旱涝急转风险高，需防范久旱后强降雨造成的次生灾害。

（2）防范强对流天气的影响。过程期间需防范短时强降水、雷暴、大风、冰雹等强对流天气对城市运行、乡村安全、交通运输、农业生产等造成的不利影响。

（3）关注对夏收夏种的影响。各地宜抓住此次降水有利时机，抢节令大面积开展秋粮作物栽播；滇东北、滇西北及高海拔地区注意抓住降雨前的晴好天气抢收夏粮，并防范阴雨天气下夏粮霉烂。

2023年以来北方沙尘传输及沙源地卫星遥感地表参数综合分析

刘清华 张晔萍 郭兆迪 张元元 郑照军 王圆圆
（国家卫星气象中心国家空间天气监测预警中心 2023年5月9日）

摘要：2023年以来，我国共出现13次沙尘天气过程，以下通过风云卫星昼夜连续的沙尘监测产品，针对13次沙尘过程的起沙源地进行详细对比分析。另外，通过卫星资料沙源地地表参数空间分布产品和时序统计数据，分别进行了积雪覆盖、植被、地表蒸散等情况分析。分析表明：2023年3月蒙古国和我国北方大部积雪日数偏少，2022年7—8月，蒙古国西北部、中部和南部部分地区植被指数较多年同期偏低，植被长势偏差，2023年蒙古国和我国北方地区的地表蒸散量较近年同期明显偏低，地表环境较为干旱，有利于起沙。

一、沙尘过程起沙源地分析

根据风云卫星昼夜连续的沙尘监测产品，2023年以来沙尘集中出现在3—4月，尤其4月，蒙古国南部至我国内蒙古西部、内蒙古东部至河北北部等地沙尘影响频次较高。其中，4月9—15日，蒙古国南部、我国内蒙古中东部、华北、东北等地出现了多次连续起沙过程，起沙源地多为蒙古国中部和南部。

另外，针对今年影响华北、东北等地的两次强度强、持续时间长、影响范围大的过程进行具体分析（3月19—24日的强沙尘暴过程、4月9—13日沙尘暴过程）。

3月19—24日强沙尘暴过程：3月21日09时，沙尘主要起源于蒙古国西部，主要沙尘区在向东发展过程中范围快速扩大，沙尘区主要出现在气旋云系头部南侧和尾部偏东地区。本次沙尘过程主要影响范围为我国新疆、甘肃、内蒙古、山西、河北、北京、天津、山东、黑龙江、辽宁、吉林。本次沙尘过程影响范围大，强度强，主要沙尘区以向东移动为主。

4月9—13日沙尘暴过程：4月9—13日我国北方持续出现沙尘天气，期间有3次起沙和传输过程，其中一次出现了沙尘回流。第一次起沙和传输过程（4月9—10日）：4月9日10时，沙尘主要起源于蒙古国南部，主要向偏东方向移动，影响我国内蒙古、北京、天津、河北北部、黑龙江、吉林、辽宁等地。第二次起沙和传输过程（4月10—11日）：4月10日10时，沙尘起源于蒙古国中部和南部、我国内蒙古中部，主要向偏东和东南方向移动，影响内蒙古、北京、天津、河北、山东、河南、江苏、安徽、黑龙江、吉林、辽宁等地。4月12日，第二次起沙和传输过程已经南下影响江苏、安徽、河南等地，受近地面高压后部偏南风影响，南下的沙尘区向北回流，影响河北、北京、天津、山东等地。第三次起沙和传输过程(4 月 12—13 日)：4 月 12 日 11 时，沙尘起源于蒙古国中部，主要向偏东方向移动，影响我国内蒙古、辽宁、吉林等地。上述过程影响范围较大，包括：内蒙古、陕西、山西、河北、北京、天津、山东、江苏、河南、安徽、黑龙江、吉林、辽宁等地。由于多次起沙和沙尘回流，本次沙尘过程持续时间长，影响范围大，主要沙尘区以向东和东南方向移动为主。

二、沙源地积雪覆盖情况

对 2005 年以来 1—3 月蒙古国以及我国北方 10 省(区、市)(新疆、内蒙古、青海、甘肃、宁夏、陕西、山西、河北、北京、天津)、内蒙古、新疆 4 区域的积雪面积时间序列分析表明：2023 年 1—3 月各月，4 区域积雪覆盖面积总体呈现减小趋势，我国北方的减小趋势最为显著，3 月蒙古国和我国内蒙古积雪面积的减小趋势大于 1 月和 2 月。与 2005 年以来同期相比，2023 年 3 月蒙古国积雪面积偏小 11.7%，内蒙古积雪面积偏小 44.6%。2023 年 3 月，蒙古国中南部和我国内蒙古中西部无积雪覆盖，蒙古国和我国北方大部积雪日数偏少。

三、沙源地植被情况

植被指数是根据植被的光谱特性，将卫星可见光和近红外波段进行组合，对地表植被状况的简单、有效和经验的度量，其值越大，表明植被生长越好。对蒙古国、我国内蒙古植被指数时间序列分析表明：2022 年 7—8 月，蒙古国植被指数为 0.339，较 2021 年同期、近 5 年(2017—2021 年)同期平均值、近 22 年(2000—2021 年)同期平均值分别下降 11%、6.8%和 0.7%；内蒙古植被指数为 0.47，较 2021 年同期、近 5 年(2017—2021 年)同期平均值分别下降 3.6%、0.1%(图 1)。2022 年 7—8 月，蒙古国西部和中南部、我国内蒙古北部和中南部、西北中西部植被指数低于 0.2，植被覆盖稀少。与 2000—2021 年同期平均值相比，2022 年 7—8 月，蒙古国西北部、中部和南部部分地区植被指数偏低，植被长势偏差。

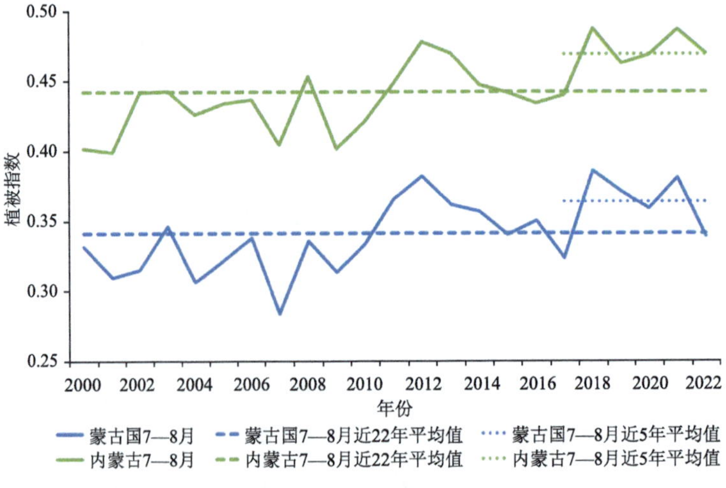

图 1 2000—2022 年 7—8 月蒙古国和我国内蒙古植被指数时序统计

四、沙源地地表蒸散情况

蒸散是指地表通过土壤蒸发和植被蒸腾作用失去的水分，当土壤的供水能力不足时，蒸散量开始下降，值越低表示干旱程度越严重。对蒙古国、我国北方10省（区）地表蒸散时间序列分析表明：2023年1—4月，我国内蒙古大部、新疆大部、甘肃西部、青海西北部以及蒙古国大部蒸散量在20～60毫米，与近年（2016—2023年）均值相比，我国内蒙古大部、新疆北部和东部以及南部、甘肃西部、青海北部偏东区域以及蒙古国中部和南部地表蒸散量偏低20%以上。

五、结论与对策建议

根据卫星监测资料，2023年3月沙源地的积雪覆盖日数偏少，2022年7—8月沙源地植被长势偏差，2023年1—4月沙源地地表环境干旱，均有利于起沙。2023年以来有多次沙尘过程起源于蒙古国中部和南部，且蒙古国中部和南部沙源地起沙通常会影响到我国内蒙古、华北等地，沙源地地表状况对起沙分析和预测至关重要，因此，建议建立蒙古国和我国北方地区沙尘源地的地表状况实时滚动监测体系。

16日开始湖南省将进入雨水集中期，未来10天强降雨带在湖南省呈阶段性南北摆动，致灾风险高

王青霞　陈静静　周慧　唐佳　张成成　王璐
张剑明　潘筱龙　冯盼盼　欧小锋
（湖南省气象局　2023年6月16日）

摘要：16日开始湖南省将进入雨水集中期，未来10天强降雨带在湖南省呈阶段性南北摆动，雨强大、累计雨量大、局地重叠性强，同时伴有强对流天气，期间恰逢周末、中考及端午假期，致灾风险高。其中16—19日，湘北、湘中有暴雨到大暴雨；20—23日，强降雨带南压，湘南有暴雨，局地大暴雨；24—25日强降雨区有所北抬，湘南、湘中偏东局地仍有暴雨到大暴雨。降雨有利于气象干旱缓解，但重点要做好山洪、地质灾害和城市内涝防范，同时需警惕湘江中上游、资水上游、沅水上游河水陡涨和致洪风险。

一、气象干旱监测

2023年以来（截至6月15日），全省平均降水590.4毫米，较常年偏少21.1%，其中，3月24日入汛以来，全省平均降雨417.4毫米，偏少17.9%，大部分地区偏少1～3成，湘北、湘中有22个县（市、区）偏少3～5成（图1a）。6月15日气象干旱监测显示，湘北、湘中的48个县（市、区）达重旱以上，其中洞口、桑植、华容等11个县（市、区）为特旱（图1b）。

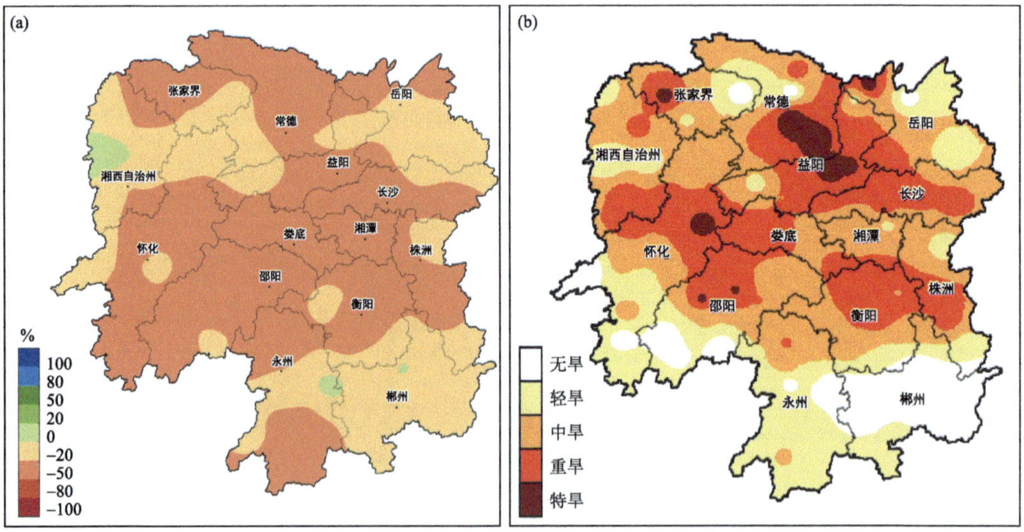

图1　入汛以来降水量距平百分率(a)和2023年6月15日气象干旱监测(b)

二、天气预报

(一)趋势分析

16 日开始湖南省将进入雨水集中期，并伴有雷雨大风、短时强降水等强对流天气。其中：16—19 日，强降雨带位于湘北和湘中，部分地区有暴雨到大暴雨；20—23 日，强降雨带南压，湘南部分地区有暴雨，局地大暴雨；24—25 日，湘南和湘中偏东局地仍有暴雨到大暴雨。预计 16—25 日，全省大部分地区累计雨量 90～150 毫米，衡阳、永州、郴州、株洲部分地区 250～400 毫米(图 2)。

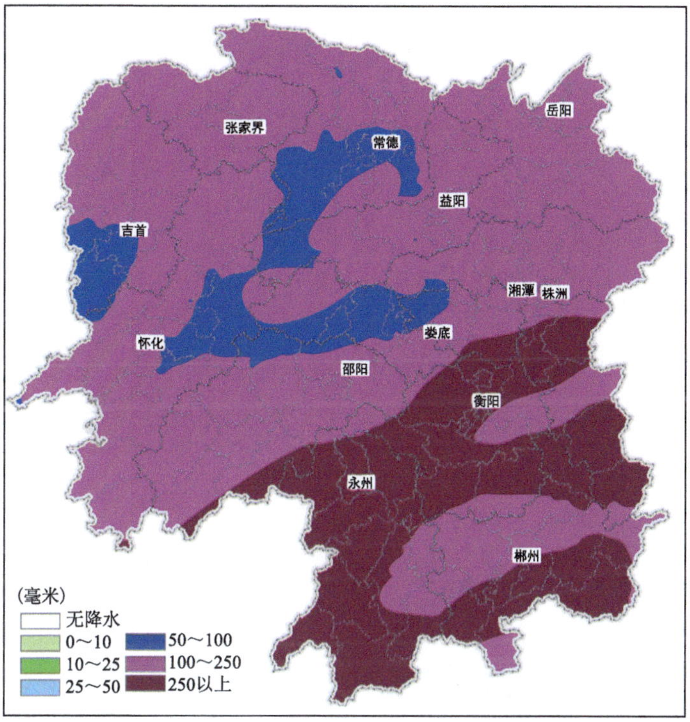

图 2　湖南省 6 月 16 日至 25 日累计降雨量预报

延伸期时段(6 月 26 日至 7 月 15 日)，湖南省北部地区仍为多雨时段，还有 3 个阶段性降水过程，主要出现在 7 月 1—3 日、6—9 日、14—15 日前后。

(二)具体预报

16 日，湘北阴天有中到大雨，其中张家界北部、常德北部、益阳北部、岳阳北部部分地区有暴雨，其他地区阴天间多云有小到中等阵雨或雷阵雨(图 3a)；雷雨时局地阵风 6～7 级。

17 日，湘北阴天有中到大雨，其中湘西州、张家界、常德北部、益阳北部、岳阳北部部分地区有暴雨到大暴雨，其他地区阴天间多云有小到中等阵雨或雷阵雨(图 3b)；雷雨时局地阵风 7 级。

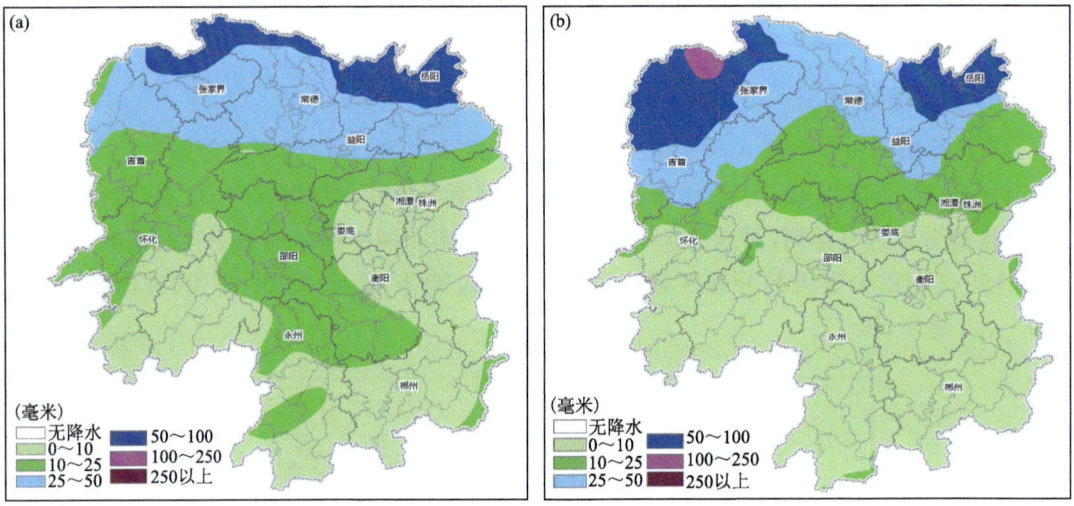

图 3　2023 年 6 月 16 日(a)、6 月 17 日(b)降雨量预报

18 日，湘北、湘中阴天有大雨，其中湘西州南部、怀化、益阳、常德南部、娄底、岳阳、长沙、湘潭北部部分地区有暴雨，怀化中部局地大暴雨，湘南阴天有阵雨(图 4a)；雷雨时局地阵风 7～8 级。

19 日，湘中、湘南阴天有中到大雨，其中怀化南部、邵阳、永州北部、娄底东部、衡阳、株洲部分地区有暴雨，怀化南部、邵阳南部局地有大暴雨，湘北阵雨转多云(图 4b)；雷雨时局地阵风 7 级。

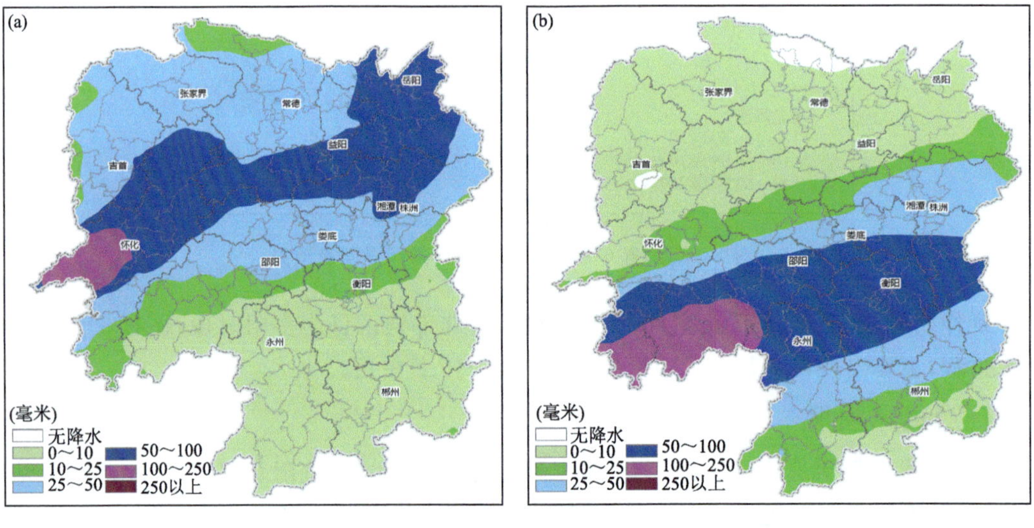

图 4　2023 年 6 月 18 日(a)、6 月 19 日(b)降雨量预报

20 日，湘中、湘南阴天有大雨，其中邵阳、衡阳、株洲中北部、永州中北部、郴州部分地区有暴雨到大暴雨，湘北多云。

21 日，湘南阴天有中到大雨，其中永州中南部、郴州、株洲南部局地有暴雨，其他地区多云。

22 日，湘南阴天有大雨，永州、郴州、株洲南部、衡阳南部部分地区有暴雨，局地大暴雨，其他地区多云。

23 日，湘南阴天有中到大雨，永州南部、郴州南部部分地区有暴雨，郴州局地有大暴雨，其他地区多云。

24—25 日，强降雨带有所北抬，湘南和湘中偏东部分地区有大到暴雨，局地大暴雨。

三、气象建议

一是 16—25 日雨水集中时段，山洪、地质灾害、城市内涝及中小河流洪水风险高。其中：16—19 日，湘北湘中要加强临崖临坡区域巡查排险，湘西州、张家界、岳阳局地强降雨重叠区域要警惕中小河流水位陡涨和局部洪涝风险；20—25 日，湘江中上游、资水上游、沅水上游地区需警惕河水陡涨和致洪风险。

二是强降雨、强对流过程恰逢周末、中考（17—20 日）及端午假期（22—24 日），需警惕多重风险叠加影响。

三是因前期雨少干旱，易造成麻痹松懈，建议各级党委、政府和防汛抗旱部门要加强指挥调度、巡堤巡库等巡查排险应对工作。另外，当前强降雨带受副热带高压南北摆动影响仍有不确定性，各地要密切关注气象部门“6·31”递进式预警服务。

四是防范强降雨过程造成作物淹涝和早稻“大雨洗花”危害。

台风“泰利”加强为强热带风暴级，桂南和沿海台风灾害风险较高，需加强防范

余兴明　何珊珊　陈伟斌

（广西壮族自治区气象台　2023年7月16日）

摘要：2023年第4号台风“泰利”已于16日凌晨加强为强热带风暴级，10时其中心位于距广东省湛江市东偏南方向约640千米的海面上。预计，台风“泰利”中心将以每小时15千米左右的速度向西北方向移动，强度逐渐增强，于17日夜间在广东台山到海南文昌一带沿海登陆，18日凌晨进入北部湾，之后继续向防城港市到越南北部沿海移动。受其影响，17—19日桂南、桂西和北部湾海面有强风暴雨天气，过程累计雨量桂南、桂西部分地区80～180毫米、局地250～400毫米；最大风力北部湾海面有10～11级、阵风12～14级大风，桂南和沿海地区有7～9级、阵风10～11级大风。桂南和沿海台风灾害风险较高，需加强做好各项台风防御工作。

一、台风“泰利”动态

2023年第4号台风“泰利”(Talim)已于16日凌晨02时加强为强热带风暴级，10时其中心位于广东省湛江市东偏南方向约640千米的南海东北部海面上（北纬18.9度、东经115.9度），中心附近最大风力有10级(25米/秒)，中心最低气压为985百帕，七级风圈半径280千米。

预计，台风中心将以每小时15千米左右的速度向西北方向移动，强度逐渐增强，于17日夜间在广东台山到海南文昌一带沿海登陆，登陆时强度为台风级或强台风级(35～42米/秒，12～14级)，18日凌晨进入北部湾，并继续向我国防城港市到越南北部沿海移动（图1）。

二、风雨预报

（一）大风预报

预计17日中下午起广西风力逐渐加大，风力最大为18日（图2）。具体预报如下：

今晚到17日白天，北部湾海面偏北风逐渐加大到9～10级、阵风11～12级；桂南和沿海地区有6～7级、阵风8～9级大风，其他地区风力4～5级、阵风6～8级。

17日晚到18日，北部湾海面旋转风10～11级、阵风12～14级；桂南和沿海地区有7～9级、阵风10～11级大风，其他地区风力4～5级、阵风6～8级。

19日，北部湾海面偏东风7～8级、阵风9级；桂南和沿海地区有6～7级、阵风8～9级大风，其他地区风力3～4级、阵风5～6级。

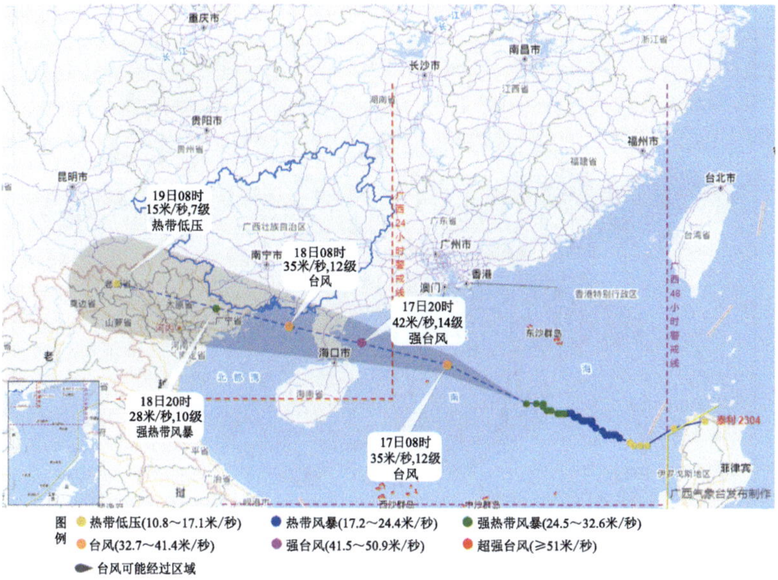

图 1　2023 年第 4 号台风“泰利”未来 72 小时路径概率预报
（7 月 16 日 08 时至 19 日 08 时）

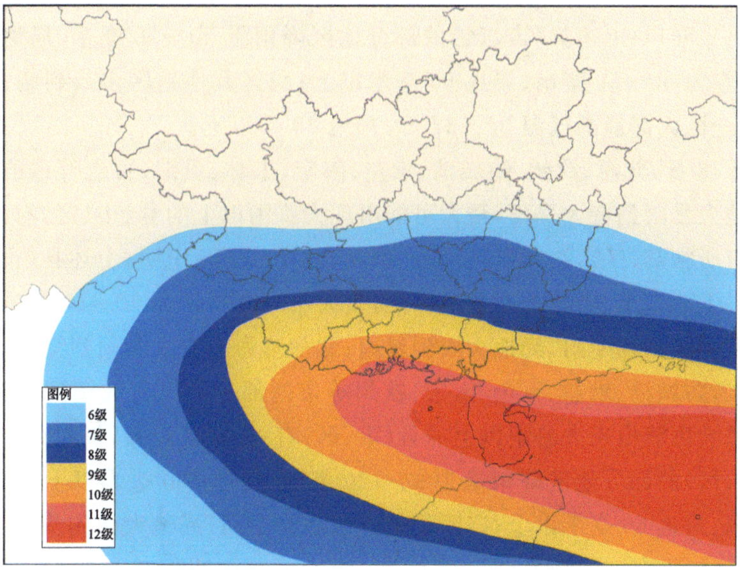

图 2　2023 年 7 月 16 日 20 时至 7 月 19 日 20 时最大风力预报

（二）暴雨预报

预计 17—19 日，桂南、桂西和北部湾海面有暴雨天气，降雨最强时段为 18—19 日。过程累计雨量：桂南、桂西部分地区 80～180 毫米、局地 250～400 毫米（图 3），最大小时降雨量为 40～60 毫米、局地 80 毫米以上。具体预报如下：

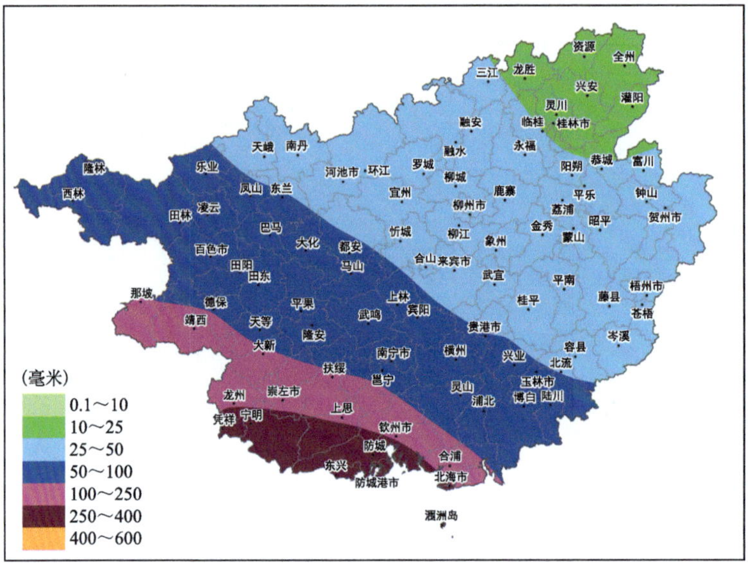

图 3　2023 年 7 月 16 日 20 时至 7 月 19 日 20 时降雨量预报

16 日晚到 17 日白天，桂东和沿海有阵雨或雷雨，其中梧州、玉林、北海等市部分地区有中到大雨、局地暴雨，并伴有短时雷暴大风等强对流天气，最大可能出现暴雨以上的县(市、区)有：玉林博白、陆川；上述县(市、区)的部分地区降雨量 50～70 毫米、局地 80 毫米以上，最大小时降雨量为 30～50 毫米、局地 60 毫米以上；我区其他地区多云到晴；北部湾海面有大雨到暴雨。全区大部最高气温 34～37 ℃、局地 38 ℃以上。

17 日晚到 18 日，北海、钦州、防城港、崇左、南宁、玉林、贵港、百色等市的部分地区有大雨到暴雨、局地大暴雨到特大暴雨，最大可能出现大暴雨以上的县(市、区)有：北海市所辖县(区)，防城港市所辖县(区)，钦州市区，崇左市区、凭祥、龙州、宁明；上述县(市、区)的部分地区降雨量 100～150 毫米、局地 250 毫米以上，最大小时降雨量为 40～60 毫米、局地 80 毫米以上；广西其他地区小到中雨、局地大雨到暴雨；北部湾海面有大暴雨到特大暴雨。

广西 19 日，防城港、崇左、百色、南宁、钦州等市的部分地区有大雨到暴雨、局地大暴雨到特大暴雨，最大可能出现大暴雨以上的县(市、区)有：防城港东兴，崇左凭祥、宁明，百色靖西；上述县(市、区)的部分地区降雨量 100～120 毫米、局地 180 毫米以上，最大小时降雨量为 40～50 毫米、局地 60 毫米以上；广西其他地区小到中雨、局地大雨到暴雨；北部湾海面有大雨。

20 日，桂南部分地区有中到大雨、局地暴雨，广西其他地区有阵雨、局地大雨；北部湾海面有中到大雨。

三、关注与建议

第 4 号台风“泰利”将是 2023 年影响广西的第一个台风，基于广西台风灾害风险评估模型，桂南部分地区有中高等级台风灾害风险，北海、钦州、防城港三市台风灾害风险高(图 4)，经与自治区防汛抗旱指挥部办公室会商，建议做好防台风各项工作。

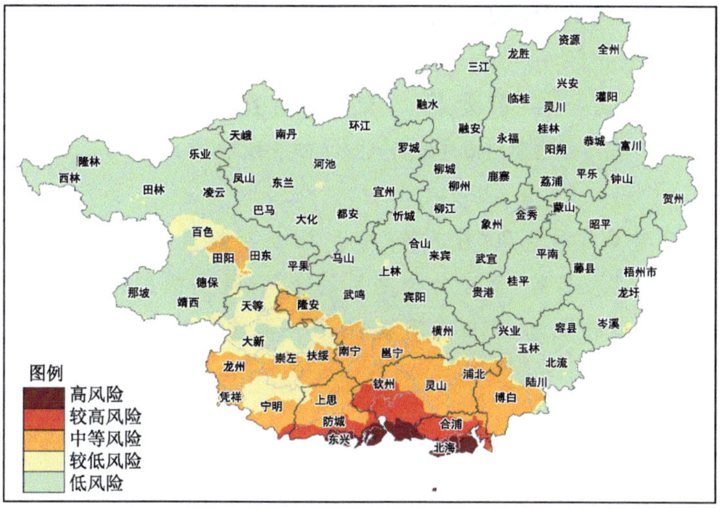

图 4　2023 年第 4 号台风“泰利”风险预评估

一是南海相关海域航行船舶注意提前避开台风影响区域，海上作业人员及时撤离；目前正值暑假旅游高峰期，建议沿海地区涉岛、涉海等旅游项目做好安全管理；沿海地区做好建筑工棚、户外广告牌、行道树等的防风加固工作；

二是注意防范强降雨可能引发的城乡积涝、山洪和地质灾害，加强水库堤坝、河堤沟渠等隐患排查；

三是桂南及沿海地区注意防范台风对早稻收获和水产养殖业等的不利影响，提前组织抢收抢晒和加强拦网防止鱼类逃逸。

广西壮族自治区气象局 16 日 09 时升级发布台风黄色预警并启动重大气象灾害（台风）Ⅲ级应急响应。广西各级气象部门将密切监视台风“泰利”动态，及时发布最新预报预警信息。

台风“杜苏芮”将对厦门市造成严重影响

苟爱萍　张伟　陈德花

（厦门市气象局　2023年7月24日）

摘要：2023年第5号台风“杜苏芮”将于28日早晨至上午以强台风级别登陆福建南部沿海。台风“杜苏芮”预评估为高风险台风（最高级别），将对厦门市造成严重的风雨影响，最强时段为27日夜间至28日。提请相关部门密切关注，提前采取措施予以加强防范。

一、台风最新动态

2023年第5号台风“杜苏芮”（强台风级）的中心今天11时位于台湾省鹅銮鼻东南方向约930千米的菲律宾以东洋面上，中心附近最大风力有15级（48米/秒）。

预计，台风“杜苏芮”将以每小时10～15千米的速度向西北方向移动，强度逐渐加强，最强可达超强台风级（风速52～58米/秒，风力16～17级），并逐渐向台湾岛南部沿海靠近，可能擦过或登陆台湾省西南部沿海，之后向福建沿海靠近，于28日早晨至上午登陆福建沿海（强台风级，风速45～50米/秒，风力14～15级）。

台风“杜苏芮”主要特点如下：

（1）强度强：台风巅峰强度将达到超强台风级别，不登陆菲律宾和我国台湾省的可能性大，登陆福建前台风强度不会明显减弱，预计登陆级别为强台风级。

（2）移速慢：台风移速每小时10～15千米，移动路径具有不确定性。

（3）影响大：台风“杜苏芮”与2016年14号台风“莫兰蒂”路径相似，将对厦门市造成严重影响，风雨致灾性强。

二、影响预报

（一）风力影响

25日下午起沿海风力开始逐渐增强，强风时段出现在26日12时至29日02时，最强时段出现在28日02—23时。

市区最大风力可达10～12级、阵风13～14级；

内海及各大桥、高海拔山区最大风力可达10～13级、阵风14～15级；

崇武到东山沿海最大风力可达13～15级、阵风16级以上；

台湾海峡南部最大风力可达13～16级、阵风17级以上。

29日白天风力逐渐减弱。

(二)降水影响

27 日夜里降水逐渐增强,预计 27 日夜里至 29 日厦门市有大暴雨过程。降水时局地伴有短时强降水、雷雨大风等强对流性天气。

三、台风预评估

台风“杜苏芮”降水和大风综合强度预评估风险等级均为高风险(5 级、最强级别),综合强度相对台风“莫兰蒂”略低(表 1)。

表 1 台风“杜苏芮”风雨影响预评估及与台风“莫兰蒂”实况对比

降水影响	过程最大累计雨量/毫米	过程平均累计雨量/毫米	过程最大日雨量/毫米	过程最大小时雨强/毫米	100 毫米以上范围/%	降水综合强度
“杜苏芮”预估值	280	180	180	80	75	75.3
“莫兰蒂”实况值	366.8	188	271.4	116	95	83.8
“杜苏芮”预估风险等级	较高风险	高风险	较高风险	高风险	高风险	高风险
大风影响	过程最大平均风速/(米/秒)	过程最大阵风风速/(米/秒)	8 级及以上平均风范围/%	10 级及以上阵风范围/%	10 级及以上阵风持续时间/小时	大风综合强度
“杜苏芮”预估值	40	52	70	80	20	74.5
“莫兰蒂”实况值	49.8	66.1	85.3	95.6	22	86.7
“杜苏芮”预估风险等级	高风险	高风险	高风险	高风险	较高风险	高风险

注:风险等级分为低风险(1 级)、较低风险(2 级)、中等风险(3 级)、较高风险(4 级)、高风险(5 级)。

四、台风“莫兰蒂”影响实况

风的影响:福建全省最大风力出现在厦门,风速最大值为 66.1 米/秒(厦门湖里区五缘大桥站),厦门本站最大阵风达到 16 级(风速 54.9 米/秒)。

雨的影响:福建全省出现大范围暴雨到大暴雨,局部特大暴雨。共 24 个县(市)66 个乡镇超过 250.0 毫米,最大累计降水量为南安向阳乡 500.2 毫米,厦门为 366.8 毫米。

受灾情况:台风“莫兰蒂”台风对福建省风雨影响并重,造成的危害主要在福建省人口最集中的闽南地区,特别是厦门全城电力供应基本瘫痪、全面停水,泉州、漳州大面积停电,经济损失极为严重。全省因灾死亡 18 人、失踪 11 人,直接经济损失约 169 亿元。厦门受灾人口约 28 万人，1 人死亡，直接经济损失约 102 亿元。

五、分析与建议

(1)台风大风灾害风险：25 日傍晚起厦门市及沿海风力逐渐增强，27 日夜里至 28 日思明区、湖里区、翔安区、海沧区以及集美区、同安区的中南部有高危险等级的台风大风灾害风险；相关区域航行或作业的船只应及时回港避风或避开影响区域，同时需做好沿海景区和涉岛旅游的安全管理工作，需注意防范陆上强风对城乡基础设施和工程设施的危害。

(2)台风暴雨灾害风险：27 日夜里到 29 日厦门市有高危险等级的台风暴雨灾害风险，注意防范台风强降水可能引发的崩塌、滑坡等地质灾害及城乡积涝等次生灾害；道路湿滑，能见度低，道路交通安全风险高，请特别关注。

26日下午至28日甘肃省武威以东有明显降水，局地有暴雨，需防范强降水落区叠加及局地强降水造成的不利影响

程瑛 肖玮 孔祥伟 尹春 马绎皓
（甘肃省气象局 2023年7月26日）

摘要：受高原切变和弱冷空气共同影响，26日下午至28日，甘肃省武威以东有明显降水过程，白银南部、临夏南部、甘南中部、定西东部、陇南东南部、天水东部、平凉南部、庆阳南部有大雨，局部地方有暴雨，并伴有分散性短时强降水，最大小时降水量为40～60毫米，最大累计降水量可达80～120毫米。26—30日，河西地区持续高温天气。此次降水雨量分布不均，强降水落区与23—24日强降水落区有叠加，陇东南、定西、甘南等地暴雨灾害风险较高，需防范因强降水落区叠加及局地强降水可能引发的中小河流洪水、山洪、地质灾害及城市内涝。

一、23—24日全省降水实况

23—24日，甘肃省武威以东大部分地方出现分散性阵雨或雷阵雨，并伴有局地短时强降水和冰雹等强对流天气，此次降水过程具有降水分布不均、强降水落区分散、局地降水强度大、极端性强等特点。全省共计750个乡镇（1354个观测站）出现降水，其中，大暴雨3站，暴雨11站，大雨71站，过程最大累计降水量出现在徽县江洛241.7毫米，其次是徽县江洛镇政府196.3毫米、徽县剡坝186.2毫米；甘南、临夏、定西、陇南、天水、平凉等州（市）共出现73站次1小时降水量大于20毫米的短时强降水，最大小时雨强为24日08—09时徽县江洛120.7毫米，其次是徽县江洛镇政府119.9毫米，两站小时雨强均突破甘肃省历史极值，且江洛镇政府08:10—08:20降水量达63.4毫米，具有较强的极端性。另外，白银会宁、定西安定区、庆阳环县出现冰雹，最大冰雹直径10毫米。

二、全省天气预报

26日下午至28日，甘肃省武威以东有一次明显降水过程，雨量分布不均，并伴有分散性短时强降水，最大小时降水量为40～60毫米，最大累计降水量可达80～120毫米（图1）；26—30日，河西地区有35℃以上高温天气。具体预报如下：

26日下午至27日白天，甘肃省武威以东有小到中雨，其中白银南部、临夏南部、甘南中部、定西东部、陇南南部、天水东部有大到暴雨，并伴有短时强降水。

27日夜间至28日，陇南、天水、平凉、庆阳等市阴有中到大雨，局部地方有暴雨；定西、甘南、白银三市州部分地方有阵雨或小雨。

26—30日，甘肃省河西地区有35℃以上高温天气。

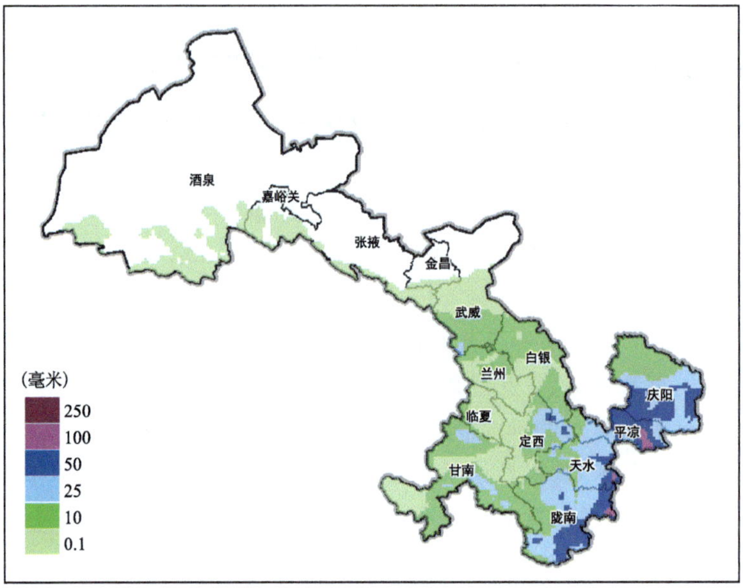

图1　甘肃省7月26日20时至28日20时累计降水预报

三、影响分析

(一)暴雨灾害风险预估

预计26日下午至28日,甘肃省白银南部、临夏南部、甘南中部、定西东部、陇南东南部、天水东部、平凉南部、庆阳南部有暴雨灾害风险(图2和表1),其中,陇东南东南部及甘南州夏河、定西安定区发生中小河流洪水、山洪、地质灾害的风险高。

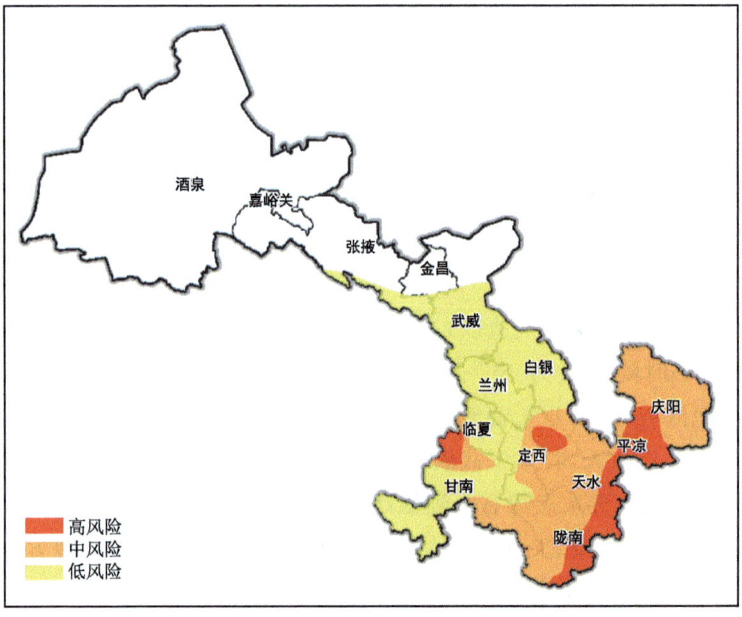

图2　甘肃省7月26—28日暴雨灾害风险预估

表 1　暴雨引发的次生灾害高风险区域及影响(7 月 26—28 日)

次生灾害	高风险影响区域	灾害影响
中小河流洪水、山洪、地质灾害、城市内涝	临夏州和政、康乐，甘南州夏河，定西市安定区，陇南市康县、成县、两当、徽县、文县，天水市清水、张家川，平凉市灵台、泾川、崇信，庆阳市镇原、西峰。	导致水位上涨，中小河流局地可能出现险情；易发生滑坡、泥石流等地质灾害，对人员生命财产和生态环境安全、经济活动造成威胁；出现道路积水和内涝，易造成交通拥堵、发生交通事故。

(二)暴雨对公路交通的影响风险预估

预计 26 日下午至 28 日，受降水影响的高风险路段有临合高速、巉柳高速、天定高速、天巉二级公路、天水过境段、宝天高速、徽天高速、成武高速、武罐高速、平定高速、西长凤高速、青兰高速、静天高速、平绵高速、泾华高速、银百高速。

(三)高温伏旱风险预估

6 月以来，甘肃省酒泉、武威、陇中部分地方及陇东大部降水偏少，气温偏高，酒泉、武威、陇中、陇东等地旱情持续，尤其河西地区未来 10 天仍持续高温晴热天气，降水偏少，部分县(市)高温伏旱风险较高(图 3)，易造成春小麦籽粒干瘪，玉米雌穗发育缓慢、形成空穗，影响农作物产量和品质。

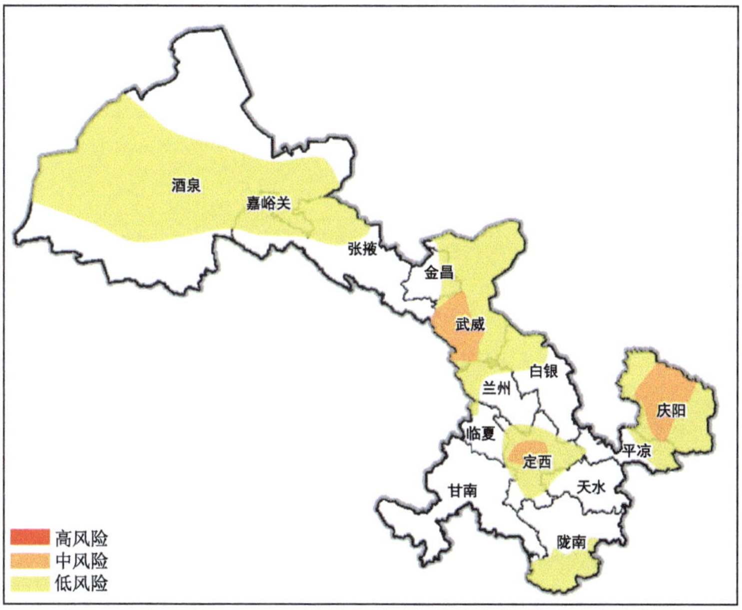

图 3　甘肃省高温伏旱风险预估

(四)有利影响

此次降水天气过程，利于缓解河东地区旱情，降低森林草原火险等级。

四、对策建议

(1)此次强降水落区与23—24日强降水落区有叠加，陇东南、甘南、定西等地暴雨灾害风险较高，建议加强江河湖库水情监测和隐患点的巡查排险，防范因强降水落区叠加及局地强降水、累计雨量较大造成中小河流洪水、山洪、地质灾害及城乡积涝等次生灾害。

(2)目前是甘肃省强对流天气多发时段，注意防范雷暴、大风、冰雹、短时强降水等强对流天气对农牧业、户外作业、城市运行等可能产生的不利影响，尤其注意加强景区的安全管理工作。

(3)此次降水雨量分布不均，河西及陇中、陇东等地旱情仍将持续，尤其河西地区持续高温晴热天气，高温伏旱灾害风险较高，建议及时采取有效措施，减轻灾害损失。

台风“杜苏芮”即将登陆并北上发力，7月29日至8月2日天津市及海河流域将有强降雨过程

徐灵芝[1] 王宇[2] 易笑园[1] 杨晓君[1] 孙建元[1]
（1. 天津市气象台；2. 天津市气象局办公室 2023年7月27日）

摘要：2023年第5号台风“杜苏芮”（强台风级）今天（27日）09时位于我国台湾省鹅銮鼻西南方向约170千米的海面上，预计将以每小时10～15千米的速度向北偏西方向移动，强度将有所增强，并将于明天早晨至上午在福建福清到广东惠来一带沿海登陆，登陆后可能深入内陆，影响范围进一步扩大。中央气象台已于7月27日06时继续发布台风红色预警。受其影响，7月29日夜间至8月1日天津市将有暴雨到大暴雨，降雨持续时间长，同时陆地有东北风6～7级阵风9级，渤海西部中部海面将有东北风8～9级；海河流域29日白天至8月2日持续有明显降雨过程，流域大部累计降雨量100～220毫米，局地350～450毫米。台风“杜苏芮”影响时间长、范围广，可能造成严重灾害影响，建议相关部门做好各项防台风工作，加强风险隐患排查和灾害防御，关注海河流域水库汛限水位，确保中小河流、水库安全。

一、台风“杜苏芮”动态及影响

2023年第5号台风“杜苏芮”（强台风级）的中心今天（27日）09时位于我国台湾省鹅銮鼻西南方向约170千米的海面上，就是北纬20.7度、东经119.8度，中心附近最大风力有15级（风速50米/秒），中心最低气压940百帕。受台风“杜苏芮”影响，昨日台湾东部和南部、福建东北部、浙江东部等地出现暴雨，台湾岛东部和南部、浙江宁波和温州、福建宁德等局地大暴雨（100～238毫米），台湾岛东部部分地区250～500毫米，台湾屏东局地超过800毫米；福建东部沿海、浙江东部沿海、台湾岛沿海等地出现8～9级阵风，局地10～11级。

预计台风“杜苏芮”将以每小时10～15千米的速度向北偏西方向移动（图1），强度将有所增强，逐渐向福建福清到广东惠来一带沿海靠近，并将于明天早晨至上午在上述沿海登陆，最大可能在福建晋江到闽粤交界沿海登陆（强台风级或超强台风级）。中央气象台7月27日06时继续发布台风红色预警。

二、天气预报

天津：受台风“杜苏芮”影响，7月29日夜间至8月1日天津市有明显降雨过程，降雨持续时间长，过程累计降雨量80～120毫米，局部可达200毫米以上，最大小时降雨量60～90毫米，降雨主要集中在30日白天至31日白天。其中，29日夜间至30日白天大雨，降雨量30～50毫米，30日夜间至31日白天大到暴雨，降雨量30～60毫米，31日夜间至1日白天中

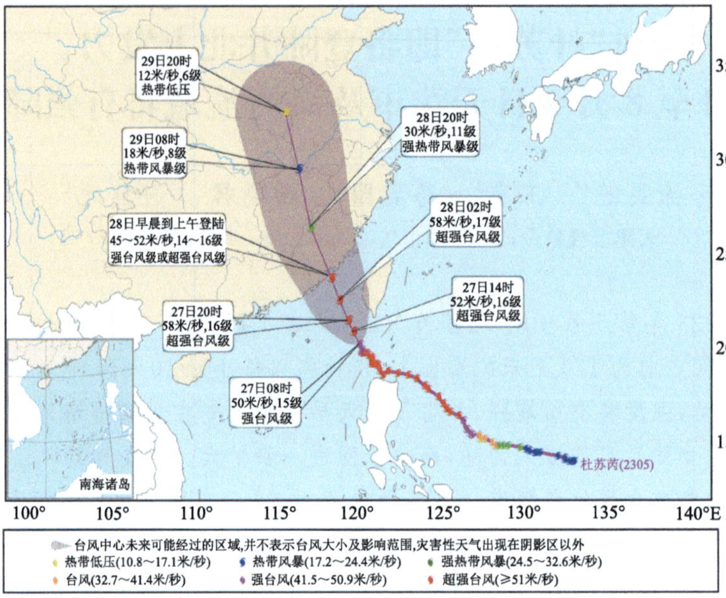

图 1　台风"杜苏芮"路径概率预报

雨,降雨量 10~25 毫米。

此外,预计 29 日夜间至 31 日白天陆地有东北风 6~7 级阵风 9 级。渤海西部中部海面将有东北风 8~9 级。

海河流域:受台风"杜苏芮"影响,29 日白天至 8 月 2 日海河流域持续有明显降雨过程,流域大部累计降雨量 100~220 毫米,大清河、子牙河、北三河降雨量 350~450 毫米。

目前台风尚未登陆,台风路径和强度预报有一定的不确定性,天津市气象局将密切监视天气变化,及时发布预报预警信息。

三、关注与建议

(1)由于台风带来的风雨较强,交通气象风险较高,建议加强交通疏导。

(2)关注山洪、地质灾害风险,做好隐患区域巡查工作;关注海河流域水库汛限水位,科学实施泄洪,确保中小河流、水库安全;及时组织危险区域人员转移避险。

(3)短时强降水可导致城市低洼地区、道桥涵洞等出现积水,建议提前采取排水措施。

(4)陆地加固设施大棚、围板、棚架、广告牌等易被大风吹动的搭建物,做好户外高空作业及室外高空游乐项目安全防护等工作。加强港口、码头、锚地等各类船舶的安全巡查,船舶回港避风,注意海上作业安全。

北京市将有暴雨到大暴雨，局地特大暴雨，此过程极端性和致灾性强，建议加强次生灾害防御

吴宏议　荆浩　马小会　王媛媛　郭金兰　李晓艳
（北京市气象台　2023 年 7 月 29 日）

摘要：受台风“杜苏芮”减弱后的热带低压影响，7 月 29 日夜间至 8 月 1 日北京地区将有暴雨到大暴雨，局地特大暴雨；降雨持续 72 小时以上，最强降雨阶段在 30 日白天至 31 日夜间。全市累计降雨量 250～300 毫米，西部、南部及城区可达 350 毫米，个别点可达 600 毫米以上；最大雨强 70～100 毫米/小时。此次过程极端性强，平均降雨量和单点最大降雨量远超 1996 年“96・8”、2012 年“7・21”和 2016 年“7・20”过程，接近甚至超过 1963 年“63・8”过程，致灾风险高。建议相关部门加强风险隐患排查，防范山洪、地质灾害、中小河流洪水和城市内涝。

一、台风“杜苏芮”实况及路径预报

2023 年第 5 号台风“杜苏芮”(Doksuri)已于 28 日 09 时 55 分前后在福建省晋江市沿海登陆，登陆时由超强台风减弱为强台风，中心附近最大风力 15 级(风速 50 米/秒)，中心最低气压 945 百帕。并于 28 日 23 时在江西省抚州市境内由强热带风暴减弱为热带风暴，今天(29 日)06 时中心位于江西省九江市境内，外围最大风力 8 级(风速 18 米/秒)，中心最低气压 998 百帕(图 1)。预计未来向北偏西方向移动，强度继续减弱，29 日夜间至 8 月 1 日影响北京地区。

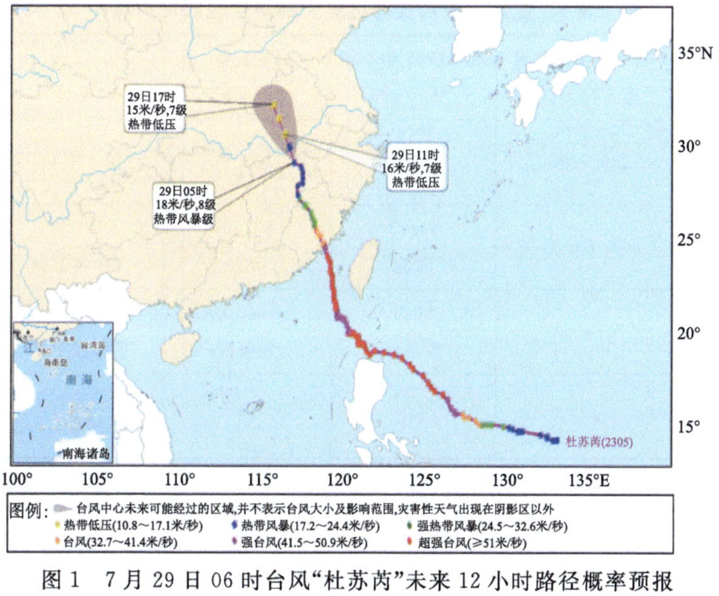

图 1　7 月 29 日 06 时台风“杜苏芮”未来 12 小时路径概率预报

二、强降雨预报及特点分析

经与中央气象台、河北省、天津市及在京军地气象部门联合专题会商，预计 2023 年第 5 号台风“杜苏芮”减弱后的低压将给北京带来暴雨到大暴雨，局地特大暴雨。此次过程具有持续时间长、累计雨量大、极端性强和致灾风险高等特点。

（一）持续时间长

预计，29 日 20 时前后北京自西南向东北将出现降雨，30 日白天至 31 日夜间为此次过程最强降雨时段；8 月 1 日降雨持续，强度减弱，夜间逐渐结束。降雨时长达 72 小时以上，远超 2012 年“7・21”（20 小时）和 2016 年“7・20”（55 小时）过程，仅次于 1963 年“63・8”过程（144 小时）。

（二）累计雨量大

7 月 29 日夜间至 8 月 1 日，北京市累计降雨量 250～300 毫米，西部、南部及城区可达 350 毫米，个别点可达 600 毫米以上；最大雨强 70～100 毫米/小时。降雨过程中局地阵风 7 级左右。

降雨分为三个阶段：一是 29 日 20 时至 30 日 08 时有大雨，房山、门头沟暴雨；北京市大部分地区降雨量 25～50 毫米，西部、南部地区 60～100 毫米，最大雨强 70～100 毫米/小时。二是 30 日 08 时至 8 月 1 日 08 时有暴雨到大暴雨，局地特大暴雨；北京市大部分地区降雨量 150～250 毫米，西部、南部地区 300～400 毫米，最大雨强 50～80 毫米/小时。三是 8 月 1 日 08—20 时有小到中雨；北京市大部分地区降雨量 8～15 毫米，最大雨强 20～30 毫米/小时。

（三）极端性强

此次过程平均降雨量和单点最大降雨量远超 1996 年“96・8”、2012 年“7・21”和 2016 年“7・20”等过程，接近甚至超过 1963 年“63・8”过程（表 1），具有很强的极端性。

表 1　此次过程预报与历史大暴雨过程实况对比

过程 要素	2023 年 7 月 29 日至 8 月 1 日	1963 年“63・8”	1996 年“96・8”	2012 年“7・21”	2016 年“7・20”
全市平均降雨量/毫米	250～300	281.2	163.6	170	212.6
单点最大降雨量/毫米	＞600	512.8 海淀	231.3 大兴	541.0 房山河北镇	453.7 门头沟东山村
最大雨强/（毫米/小时）	70～100	50.3 观象台	45 观象台	100.3 平谷挂甲峪	56.8 昌平花塔
降雨持续时间/小时	＞72	144	44	20	55

（四）致灾风险高

预计 29 日夜间至 31 日，北京市大部分地区有暴雨灾害高风险（图 2），影响 15 个区约

1.17万平方千米，影响人口超1900万人。预计房山、门头沟、海淀西部、昌平、延庆、怀柔、密云、平谷发生山洪和地质灾害风险高；永定河、大运河、大清河有发生超警戒水位的气象风险；东城、西城、海淀、朝阳、丰台、石景山发生内涝风险高。

此外，降雨时伴有雷电、短时强降水和大风，易造成电力和通信设施受损、树木倒伏、临时搭建物垮塌、设施农业大棚损毁。

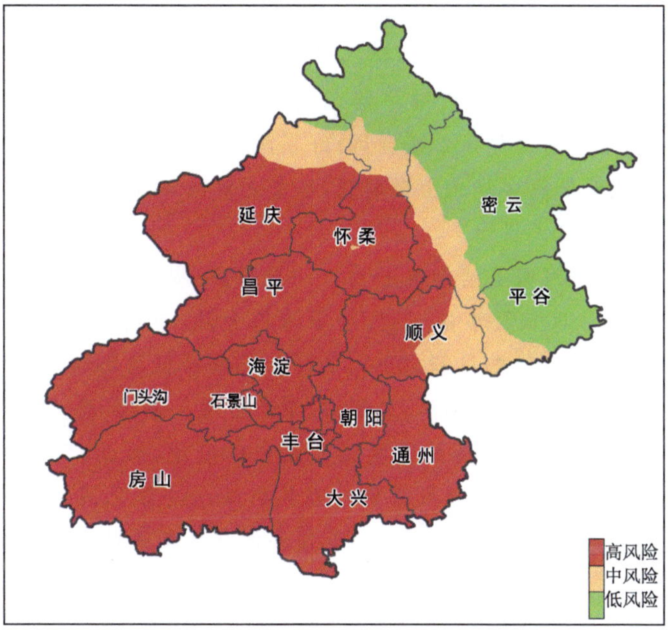

图2　29日20时至31日20时暴雨灾害风险预估

三、防范建议

一是防范城乡内涝，确保城市安全运行。30—31日短时雨强大，需加强城乡低洼地区、下凹式立交桥、地铁站等地下空间、在建工地和低洼院落等易积水点的排水防涝工作，强化交通运输、旅游景区及重大工程建设的安全管理。

二是做好山洪和地质灾害防御工作。加强对山区和浅山区山洪及地质灾害风险隐患区域的动态监测，及时组织危险区域人员疏散安置，确保险村险户安全转移。目前正值暑期，各地游客多，建议关闭涉山涉水景区、乡村民宿，做好游客疏导劝返。

三是加强永定河、大运河、大清河等流域防汛工作。建议相关部门加强雨情、水情、汛情监测，加强河道、水库、塘坝等堤防巡查排险，确保流域行洪安全。

四是防范强对流天气对电力通信设施和农业生产等危害。降雨时伴有雷电、短时强降雨、大风等强对流天气，需做好电力和通信设施、临时搭建物、园林树木、农业设施大棚等防风加固；低洼农田及时排湿降渍，加强病虫害监测和防治工作。

2023年第5号台风“杜苏芮”特征及对河南省影响

匡晓燕　吴丽敏　苏爱芳　贺哲　史一丛
（河南省气象台　2023年8月1日）

摘要：2023年第5号台风“杜苏芮”7月28日09时55分在福建晋江登陆，影响我国华东沿海地区后，深入内陆一路北上影响黄淮、华北。台风“杜苏芮”强度强，为1949年以来登陆福建第二强台风；给菲律宾和我国福建、浙江沿海多地带来暴雨洪涝灾害；减弱低压环流北上影响强，给华北黄淮等地带来较大范围的特大暴雨，海河出现流域性较大洪水。

台风“杜苏芮”对河南省的影响分为三个阶段，一是台风登陆后其外围云系影响阶段，28日京广线以东及洛阳、三门峡等地部分县（市）出现暴雨，局地大暴雨。二是台风减弱低压本体影响阶段，29—30日台风减弱低压环流穿过河南省，导致河南省大部出现狂风暴雨，北中部、东部、东南部出现大暴雨、特大暴雨。三是台风低压北移后其残余环流与副高外围暖湿气流影响阶段，豫北、豫中等地局部大暴雨，鹤壁局地特大暴雨。此次台风暴雨过程具有降水持续时间长、影响范围广、累计雨量大、强降水落区集中、日降水极端性强并伴有复杂强对流天气等特点。

一、台风“杜苏芮”特点

2023年第5号台风“杜苏芮”于7月21日上午在菲律宾以东洋面生成后向西北方向移动，最强达到超强台风级。28日09时55分在福建晋江以强台风级登陆，登陆后强度迅速减弱，29日08时在安徽宿松县境内减弱为热带低压，中央气象台29日11时对其停止编号。台风“杜苏芮”具有以下特点：

一是强度强，为1949年以来登陆福建第二强台风。台风“杜苏芮”巅峰强度达超强台风级，双眼墙结构清晰，眼区经过时的海平面气压为930.9百帕，这是有气象记录以来观测到的最低海平面气压，登陆时台风“杜苏芮”中心附近最大风力15级（风速50米/秒，强台风级），为1949年以来登陆福建第二强台风。

二是给菲律宾和我国福建浙江沿海多地带来暴雨洪涝灾害。台风“杜苏芮”当地时间26日凌晨在菲律宾北部登陆后，给多地带来狂风暴雨并引发洪水和山体滑坡。随后在我国台湾、福建、浙江、安徽等地部分地区累计降雨量有200～350毫米，福建泉州、莆田、福州、宁德，浙江温州、丽水、台州、宁波等地局地400～861毫米，台湾南部局地超过1400毫米。

三是台风低压环流北上影响强，给华北黄淮等地带来特大暴雨。7月28日下午至8月1日08时，华北、黄淮等地出现强降雨，河北中南部、河南中北部、山西东部等地出现暴雨、大暴雨，局地特大暴雨（250～1008毫米）。多地打破国家站日降水记录，最大河北临城赵庄梁家庄累计降水1028.2毫米。其中，北京西部山区30日11时至31日11时24小时降雨量普遍超过300毫米、潭柘寺高达451毫米，霞云岭国家站24小时降雨量接近400毫米。降水过程强度超过2012年“7·21”和2016年“7·20”特大暴雨过程。海河出现流域性较大洪水，多个子流域出现明显涨水过程，子牙河水系滹沱河黄壁庄水库7月30日23时入库流量涨至3615米^3/秒，编号为“子牙河2023年第1号洪水”，成为2023年我国大江大河首次发生编号洪水。

二、台风“杜苏芮”对河南省的影响

29日，台风“杜苏芮”减弱低压接近河南省信阳；同时，西太平洋副热带高压西伸北抬，与华北西部的大陆高压脊打通，形成东西向“高压坝”，台风低压北上过程中受阻，进入河南后移动缓慢，致使大量水汽和能量堆积，台风低压外围的东南气流在太行山地形的辐合抬升作用下，形成持续性暴雨、大暴雨。

台风“杜苏芮”对河南省的影响共分为三个阶段：一是台风登陆后的外围云系影响阶段，28日上午台风登陆后，其外围的螺旋云系于12时后开始影响河南省，28日12时至29日02时，京广线以东及洛阳、三门峡等地部分县（市）出现暴雨，濮阳、信阳局地大暴雨；二是台风减弱低压本体影响阶段，29—30日台风减弱低压环流从河南省穿过，这是此次过程的强降水时段，29日02时至30日14时河南省大部出现狂风暴雨，北中部、东部、东南部部分县（市）出现大暴雨，部分县（市）出现特大暴雨；三是台风低压北移后其残余环流与副高外围暖湿气流共同影响阶段，30日中午至8月1日上午，豫北、豫中及平顶山、洛阳等地部分县（市）出现大到暴雨，鹤壁、新乡、安阳、许昌、平顶山、郑州、洛阳等地局部大暴雨，鹤壁局地特大暴雨。

本次台风低压暴雨具有如下特点：

降水持续时间长：台风“杜苏芮”外围云系28日下午开始影响河南省，至31日其南侧气流对河南省北部仍有影响，对河南省的风雨影响长达4天。其中安阳、鹤壁、新乡部分县（市）持续降水时间长达30小时以上，林州柏尖山站持续降水时间长达43小时。

影响范围广：28日14时至8月1日9时，河南省大部出现暴雨，北中部、东部、东南部部分县市出现大暴雨，鹤壁、新乡、安阳、濮阳、郑州等地部分县市出现特大暴雨。河南省共有14个地市平均降水量超50毫米。

累计雨量大：河南省平均降水量97.4毫米，有154个县（市、区）降水量超过50毫米，其中大于100毫米的有112个，大于250毫米的有26个。位列前三的分别为：淇县老庄720.1毫米、淇县夺丰717.5毫米、辉县市秋沟616.7毫米。

强降水落区集中：特大暴雨区主要集中在豫北地区，除济源外的豫北5地（市）平均降水量均在100毫米以上，具体为鹤壁352.5毫米、安阳276.8毫米、新乡188.3毫米、濮阳178.3毫米、焦作128.5毫米。太行山东侧地形增幅降水明显，为特大暴雨集中区域。

日降水极端性强：29日浚县、林州、滑县、新乡、巩义、嵩山、登封7个国家级站日降水量突破建站以来7月下旬历史极值，其中浚县208.1毫米接近其7月下旬历史极值的两倍。

伴有复杂强对流天气：台风暴雨过程中强对流天气明显。过程中，多站出现极端性短时强降水（小时降水量大于50毫米），淇县夺丰最大小时降水量达102.6毫米，并伴有密集雷电活动；多地出现8级以上阵风，鄢陵县南坞23.8米/秒（风力9级）；南乐县寺庄乡、濮阳县八公桥出现疑似龙卷、市城区音乐桥附近湖面出现疑似水龙卷。

三、服务情况

针对此轮天气过程，河南省气象部门按照省委省政府的部署，认真贯彻落实楼阳生书记和王凯省长的批示精神，严密监测天气变化，加强与中央气象台和市县气象台天气会商，强化与应急、自然资源、水利、交通、农业等部门协调联动，递进式开展影响预报和气象风险预警服务。7月26日，河南省气象局发布《重要天气报告》；27日，黄河流域气象中心发布《黄河流域重要气象信息》，并进入黄河流域气象服务特别工作状态，22时河南省气象局启动重大气象灾害（台风/暴雨）和防汛气象服务保障Ⅳ级应急响应；28日13时升级为Ⅲ级应急响应，15时30分河南省气象局召开台风“杜苏芮”天气趋势及影响新闻通报会，18时省气象台发布暴雨蓝色预警；19时省气象局再次发布《重要天气报告》，29日10时30分将重大气象灾害（台风/暴雨）应急响应升级为Ⅱ级；29日11时30分省气象台发布暴雨黄色预警，19时升级发布暴雨橙色预警，20时河南省气象局将防汛气象服务保障应急响应升级为Ⅱ级，31日10时，河南省气象台发布暴雨蓝色预警，河南省气象局将重大气象灾害（台风/暴雨）和防汛气象服务保障应急响应降为Ⅳ级。28日5时至31日7时，河南省共发布暴雨、大风、雷暴大风等预警信号521条，其中暴雨红色预警信号32条，通过气象微信、微博、视频号等全媒体矩阵开展公众气象服务，同期，省气象局发布《气象信息快报》《交通气象服务专报》《电力气象服务专报》等材料78期。

台风“海葵”及其残涡带来的强降水已结束，地质灾害有滞后性，仍需注意防御

何如意 冯沁 王凤 兰宇 舒锋敏
（广东省气象台 2023年9月12日）

摘要：2023年第11号台风“海葵”是2023年登陆广东省的第三个台风，具有“生命史长、多次登陆、残涡滞留”的特点，其生命史长达10天，先后在台湾省台东、福建省东山和广东省饶平三次登陆，台风“海葵”减弱后的残余涡旋长期盘踞在广东省，先后穿过珠江三角洲和粤西市县，叠加季风影响，给广东省带来了持续性强降水。9月4日以来，粤东、梅州、河源、珠江三角洲和粤西市县先后出现了暴雨到大暴雨局地特大暴雨，阳江阳西县沙扒镇录得全省最大累计雨量851.5毫米；本次降水过程是广东省历史上9月最强降水过程，具有“持续时间长、累计雨量大、极端降水强、夜雨特征明显”的特点。台风“海葵”及其残涡给广东省带来的强降水过程已结束，但前期雨量大，土壤含水量高，地质灾害具有滞后性，需继续关注山体滑坡、崩塌等地质灾害风险。

一、台风“海葵”概况

2023年第11号台风“海葵”（英文名：Haikui，来源：中国，意义：一种形状如花朵的海洋动物）于8月28日08时在菲律宾以东约2200千米的西北太平洋洋面上生成，随后向西偏北方向移动，强度缓慢加强。9月3日10时加强为超强台风级，先后在台湾省台东、福建省东山和广东省饶平三次登陆，随后西行深入广东内陆，强度逐渐减弱，并于6日17时在河源紫金境内停编（图1）。

台风“海葵”是2023年登陆广东省的第三个台风，具有“生命史长、多次登陆、残涡滞留”的特点：

生命史长：台风“海葵”于28日08时在西北太平洋洋面上生成，6日08时减弱为热带低压，6日17时停编，生命史长达10天（西太平洋台风生命史约7天左右）。

多次登陆：台风“海葵”于3日15时30分以强台风级在台湾省台东沿海首次登陆，5日05时20分以热带风暴级在福建省东山沿海再次登陆，随后于5日06时45分以热带风暴级在广东省潮州饶平沿海第三次登陆。

残涡滞留：台风“海葵”停编后，其残余涡旋长时间滞留在广东省境内，移动缓慢。6—10日，自东向西先后移过河源、惠州、东莞、广州、佛山、云浮、阳江、茂名、湛江，11日移入广西。

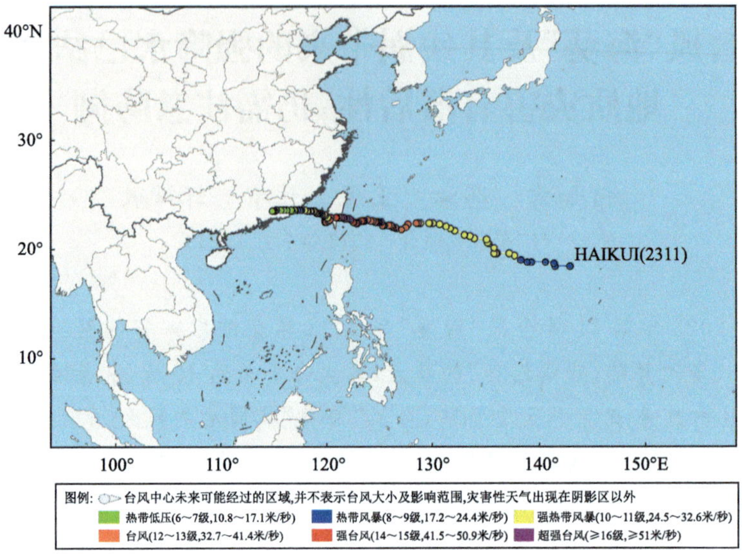

图 1　2023 年第 11 号台风“海葵”路径

二、台风“海葵”的风雨影响

受台风“海葵”及其残余涡旋和季风的共同影响，9 月 4 日以来，粤东、梅州、河源、珠江三角洲和粤西市县自东向西先后出现了暴雨到大暴雨，局地特大暴雨（图 2）。本次降水过程是广东省历史上 9 月最强降水过程，具有“持续时间长、累计雨量大、极端降水强、夜雨特征明显”的特点。

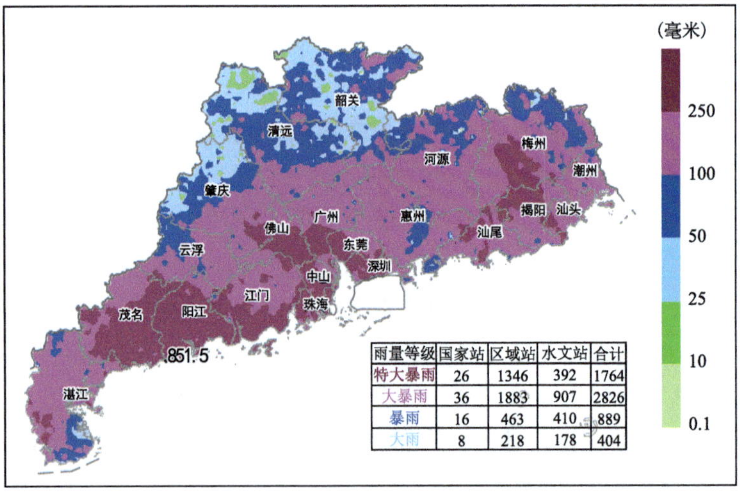

雨量等级	国家站	区域站	水文站	合计
特大暴雨	26	1346	392	1764
大暴雨	36	1883	907	2826
暴雨	16	463	410	889
大雨	8	218	178	404

图 2　2023 年第 11 号台风“海葵”过程累计雨量

持续时间长：强降水过程从 9 月 4 日持续到 11 日，连续 8 天出现了大暴雨，连续 4 天出现了特大暴雨。强降水区域自东向西移动：4—7 日白天，粤东、梅州、河源等地区出现了暴雨到大暴雨局地特大暴雨；7 日傍晚至 8 日，珠江三角洲市县普降大暴雨局地特大暴雨；9—11 日，江门、粤西市县出现暴雨到大暴雨局地特大暴雨。

累计雨量大：4 日白天到 12 日早晨，广东省平均雨量 198.4 毫米，有 538 个镇街(全省占比约 35%)录得 250 毫米以上的累计雨量，有 757 个镇街(全省占比约 49%)录得 100～250 毫米的累计雨量。据气象水文监测，4 日 08 时到 12 日 08 时，阳江阳西县沙扒镇录得广东省最大累计雨量 851.5 毫米，各市最大雨量见表 1。

表 1　2023 年 9 月 4 日 08 时至 9 月 12 日 08 时广东各地市雨量实况统计表

区域	地(市)	平均雨量/毫米	最大雨量站点	最大累计雨量/毫米
粤西	阳江	470.9	沙扒镇	851.5
	茂名	335.7	岭门镇	770.3
	湛江	159.8	乌石镇	389.0
珠江三角洲	深圳	298.3	东湖街道	692.3
	东莞	267.0	长安镇	554.6
	广州	233.3	南村镇	539.1
	江门	251.4	北陡镇	506.0
	佛山	280.3	乐从镇	504.6
	肇庆	129.5	金利镇	498.4
	珠海	291.8	拱北街道	430.9
	中山	283.2	坦洲镇	398.4
	惠州	149.3	高潭镇	289.7
粤北	梅州	164.2	汤西镇	493.0
	云浮	141.4	罗镜镇	405.0
	河源	116.4	瓦溪镇	242.0
	清远	74.1	东城街道	220.7
	韶关	59.9	梅坑镇	212.5
粤东	揭阳	216.8	五经富镇	433.2
	潮州	165.3	凤凰镇	407.1
	汕尾	195.9	海城镇	382.0
	汕头	214.4	两英镇	330.4

极端降水强：7 日傍晚至 8 日，珠江三角洲市(县)出现极端强降水，打破多项本地历史记录(表 2)，其中深圳、佛山、肇庆的 24 小时雨量和 12 小时雨量突破本市历史极值。另外，香港天文台录得最大 1 小时雨量 158.1 毫米，为 1884 年有记录以来香港最高纪录。

表 2　2023 年 9 月 4 日 08 时至 12 日 08 时降水过程各地刷新本市雨量极值情况

历时	雨量/毫米	地点
72 小时极值	619.0	深圳罗湖区东湖街道
48 小时极值	616.1	深圳罗湖区东湖街道

续表

历时	雨量/毫米	地点
24小时极值	435.1	佛山顺德区乐从镇
	429.6	肇庆高要区金利镇
	560.0	深圳罗湖区东湖街道
12小时极值	339.4	肇庆高要区金利镇
	343.8	佛山高明区荷城街道
	465.5	深圳罗湖区东湖街道
6小时极值	355.2	深圳罗湖区东门街道
3小时极值	246.8	深圳盐田区沙头角街道
2小时极值	195.8	深圳盐田区沙头角街道
1小时极值	158.1	香港天文台

夜雨特征明显：6—9日连续4天夜间都出现了特大暴雨，夜间最大累计雨量分别为271.7毫米（6日夜间，汕尾海丰县赤坑镇）、428.1毫米（7日夜间，深圳罗湖区东门街道）、378.2毫米（8日夜间，茂名电白区岭门镇）、342.9毫米（9日夜间，茂名茂南区公馆镇）。

另外，受台风“海葵”影响，4—5日，台湾海峡出现了10～12级阵风，粤东偏东海面和沿海县（市）出现了7～10级大风，其中汕头南澳录得最大阵风32.7米/秒（12级）（图3）。

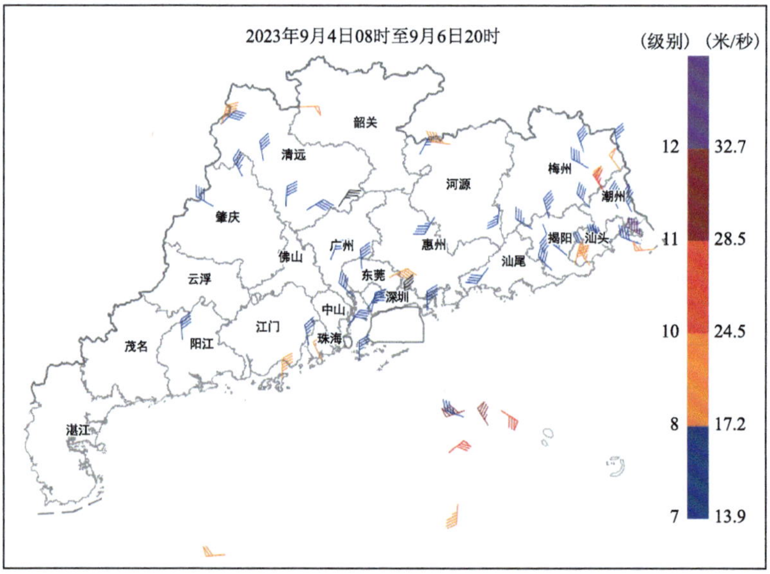

图3 2023年第11号台风“海葵”过程最大瞬时风分布

三、未来几天天气预报

目前台风“海葵”残余环流位于北部湾至广西南部一带，预计未来3天其将在上述地区徘徊，以后逐渐减弱消亡。

预计，12 日，粤西县（市）有中（雷）雨，局部暴雨，其余县（市）有（雷）阵雨，局部大雨；

13 日，粤西偏西县（市）有中雨，局部大雨或暴雨，其余县（市）多云有（雷）阵雨；

14 日，粤西、清远、韶关、珠江三角洲县（市）有中（雷）雨，局部大雨或暴雨，其余县（市）多云到阴天，有（雷）阵雨。

广州市区：12 日，多云，有阵雨，最高气温 32 ℃；13 日，多云，有阵雨，气温 26～33 ℃；14 日，阴天，有中雷雨局部大雨，气温 25～31 ℃。

四、关注和建议

台风“海葵”及其残涡给广东省带来的强降水过程已结束，但前期累计雨量大，土壤含水量高，地质灾害具有滞后性，需继续关注山体滑坡、崩塌等地质灾害风险。

台风“杜苏芮”及华北极端强降水观测服务案例分析与思考

徐鸣一　王佳　赵晨曦　陈亮　杜亮亮　权继梅
焦志敏　杨金红　代雅茹　夏元彩　李肖霞 等
（中国气象局气象探测中心　2023年10月13日）

摘要：随着全球气候变化的加剧，台风作为一种极端天气现象，其频率和强度均呈现出增加的趋势。台风带来的狂风暴雨和巨大海浪，不仅严重威胁着沿海地区居民的生命财产安全，也对交通运输、农业生产等领域造成了严重影响。

本文以2023年第5号台风“杜苏芮”及华北极端强降水为例，结合多源资料监测服务的实践经验，总结出重大突发灾害防御决策气象服务策略：①认真落实中国气象局党组要求，快速响应、周密部署、深化国省联动，建立气象服务应急专班，上下联动，推动国省市县交流合作，紧密跟踪研判，气象监测精密。②监测决策气象服务与预报防灾部署紧密衔接，结合实际需求，突出服务的重点。③充分利用雷达和多源监测业务现代化成果，展现气象探测部门科技实力和专业水准。夯实雷达在监测预警中的支柱作用，此次过程双偏振雷达定量估测降水（QPE）的准确率为79.97%，可信度较高，在强降雨过程造成大范围地面站故障和通讯中断时，雷达定量估测降水（QPE）产品可有效弥补。本文对台风“杜苏芮”及华北极端强降水观测服务工作经验进行总结分析，以期能对今后类似决策气象服务工作有所启示。

一、基本情况

台风“杜苏芮”是2023年第二个严重影响我国的台风，具有“强度两度超强、路径显著北折、风圈快速收缩、风雨严重不对称”的特点，于28日09时55分前后以强台风级（风力15级，风速50米/秒）在福建晋江沿海登陆，登陆后继续向偏北方向移动，由于副热带高压（简称副高）西伸北抬，在北方形成高压坝，再有太行山地形作用，以及第6号台风“卡努”不断输送水汽，造成华北地区的京津冀出现大范围的特大暴雨。

受台风“杜苏芮”影响，从7月29日01时华北地区开始陆续出现成片大范围降水，8月2日06时降水过程基本结束。过程最大降水量1008.5毫米，出现在河北临城赵庄、梁家庄，最大小时雨强114.2毫米，出现在北京门头沟定都阁，出现时间7月31日11时，最长持续时间76小时，出现在河北怀来陈家堡。

7月28日至8月4日，应急响应区域装备可用性：新一代雷达大于99.7%，风廓线雷达大于96.7%，探空系统大于99.96%，国家级自动站98.45%，省级自动站98.41%，雷电监测设备 98.19%，自动土壤水分站 98.31%。装备整体可用率达标。

二、台风“杜苏芮”及华北极端强降水监测服务

(一)双偏振 S 波段雷达估测降水，有效弥补山区地面站监测盲点

最强降水时次：7 月 31 日 11 时北京 S 波段双偏振雷达显示为混合性降水回波，存在强对流区最大强度 55 dBZ，ZDR 3.75 dB(雨滴粒径大)，KDP 4.7°/千米(降水效率高)(图 1)。剖面图显示强降水中心位于地形抬升处，45 dBZ 顶高小于 5 千米，低空急流 20 米/秒，QPE 小时雨量最大为 132.66 毫米。与自动站比对发现，丰台千灵山 11 时雨量 111.8 毫米，QPE 为 94.3 毫米，QPE 存在低估的现象。

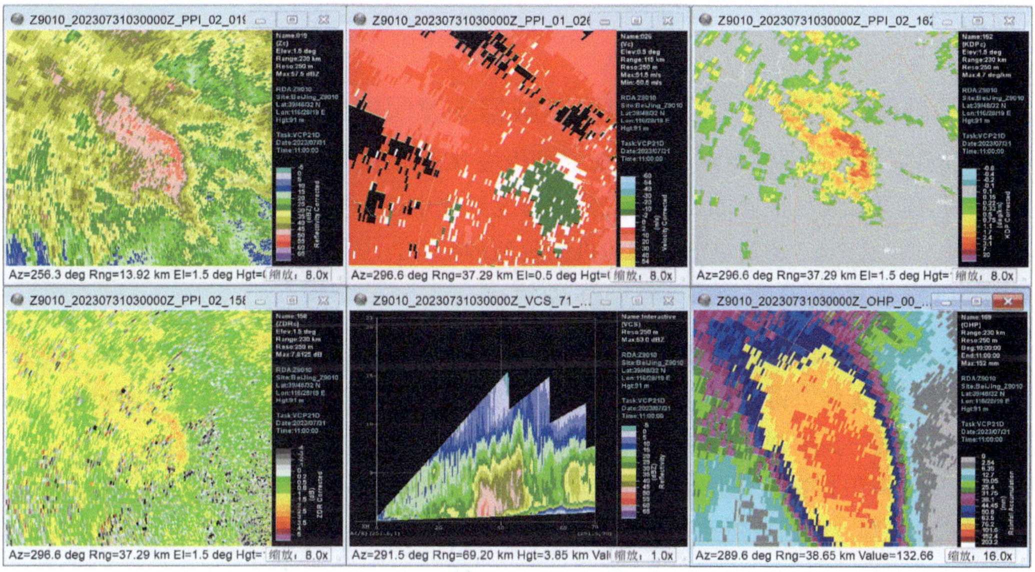

图 1　7 月 31 日 11 时北京 S 波段双偏振雷达监测

评估了 7 月 29 日 08 时至 8 月 2 日 08 时北京、石家庄、宝坻三部雷达 1 小时定量估测降水产品。总体双偏振雷达定量估测降水的准确率为 79.97%，其中 50～100 毫米的准确率为 84.06%，可信度较高，在强降雨过程造成大范围地面站故障和通讯中断时，雷达定量估测降水(QPE)产品可有效弥补。

(二)发挥垂直观测产品优势，有效识别强对流前期信号，提前预警

降水主要集中在 30 日白天和 31 日午后到前半夜，1 日夜间降水逐渐减弱，云顶高度达到 12 千米，回波最强达到 22 dBZ，北部和西部沿山回波较强。低层持续偏东风，30 日 08 时至 31 日 12 时达到急流水平(最大风速达到 24 米/秒)，8 月 1 日 20 时低层转为西南风，降水逐渐减弱；7 月 30 日 00 时至 8 月 1 日 09 时低层强暖平流，水汽输送强盛。

其中霞云岭云雷达因强降水，导致 7 月 30 日 21 时台站供电和通信中断(无数据)。

(三)土壤体积含水量产品,助力山洪地质灾害预警与救援

自动土壤水分站与卫星土壤水分融合产品显示,27—30日京津冀地区受强降水影响,表层(0~10厘米)土壤的体积含水量出现了明显提升(从0.14提升到0.27)。其中,北京西南、保定北部等地区,土壤水分接近饱和,相对湿度大于90%,受影响最为严重。

(四)水汽历史同期产品,支撑预报服务

从29日14时开始水汽高值区(大于65毫米)从河北逐步北抬,偏南风推动作用明显,14时北京南部和天津大部分地区大气可降水量大于70毫米,局部地区大于75毫米。

7月30—31日,北京房山、天津武清、河北隆尧大气可降水量大幅高于近5年7月第6候同期均值,平均偏高45%,房山继续保持上升趋势。

三、下一步工作建议

(一)装备监测精密,以高质量观测数据支撑保障气象预报和公众服务

建议易灾地区自动气象站逐步增加卫星传输方式;受强降雨影响,部分观测站点损毁或通信中断,建议省级尽快通过天元提交特殊情况处置申请,避免影响考核;下一步,气象探测中心将针对突发灾害,加强应急观测和机动观测的补充。

(二)服务提质增量,深化观测预报互动

深化三联促三动,提升快速应对高影响天气事件和服务保障的能力;发挥新型垂直观测业务应用效益,加强上游高影响天气系统产生、发展、转折、维持等重要节点的前期信号识别与观测,同时进一步加强观测与预报的相互订正与交流;夯实雷达在监测预警中的支柱作用,此次过程双偏振雷达定量估测降水(QPE)的准确率为79.97%,可信度较高,在强降雨过程造成大范围地面站故障和通讯中断时,雷达定量估测降水(QPE)产品可有效弥补。

(三)对标WMO OSCAR需求,优化站网布局

京津冀地区大部分地面站水平分辨率在5~10千米,北部地区(山区)水平分辨率大于10千米,需要加强地面站建设。山区大气水汽、温度、湿度等廓线观测分析缺少有效手段(北京门头沟和河北保定、石家庄、邢台、邯郸四个地市暂无垂直观测站点),南部水平分辨率大于100千米,建议在燕山和太行山山区加密布设垂直观测站点;京津冀北部、西部和东北部GNSS/MET水汽观测站水平分辨率大于50千米,不满足OSCAR对短临预报的最低门限要求,水汽通道渤海湾附近需加密水汽观测站点分布。

2023年第16号台风“三巴”评估

李坤玉　项素清　赵慧霞　杨楠
（国家气象中心　2023年10月22日）

摘要：2023年第16号台风“三巴”路径复杂、移动缓慢，三次登陆。受其影响，17—21日，广东西部、广西东南部、海南岛中东部等地出现强降雨，具有降雨强度强、累计雨量大、极端性强等特点。19日凌晨至20日夜间，琼州海峡客滚船全线停运，广西北海市区出现内涝；广东粤西地区罗定江上游出现50年一遇洪水，广西东南部及南部沿海地区大部江河出现明显涨水过程，共23条河流出现超警洪水；广东茂名、湛江和海南三亚等地停课。气象部门及时启动应急响应并发布预警信息，并强化决策服务信息报送工作。

一、台风“三巴”基本情况

2023年第16号台风“三巴”（英文名：Sanba；名字来源：中国澳门；名称意义：澳门旅游名胜）于10月18日14时在海南岛南部的南海中西部海面生成，随后逐渐向北偏西方向移动；19日09时前后以热带风暴级（风速20米/秒，风力8级）在海南省东方市登陆，随后继续北行进入北部湾海面，强度缓慢加强；20日00时在广西涠洲岛东北方向的北部湾北部海面加强为强热带风暴级（风速25米/秒，风力10级），05时于铁山港附近海面减弱为热带风暴级，07时折向偏南方向移动，强度逐渐减弱，09时45分前后以热带风暴级（风速20米/秒，风力8级）在广东湛江遂溪县沿海再次登陆，之后向偏南方向移动并再次进入北部湾海面，17时减弱为热带低压，19时40分前后以热带低压级（风速13米/秒，风力6级）在海南临高县沿海第三次登陆，随后强度继续减弱，23时中央气象台对其停止编号（图1）。

风雨实况：受台风“三巴”及减弱后的热带低压及残余环流影响，17—21日，广东西部、广西东南部、海南岛中东部等地累计降雨量100～300毫米，广东茂名、湛江、阳江、云浮和广西玉林、北海、钦州等地部分地区350～650毫米，广西北海局地达842毫米；海南岛南部和东部沿海、广东西南部沿海、广西东南部沿海等地出现7～9级、局地10～11级阵风。

二、台风“三巴”特点

台风“三巴”具有路径复杂、移动缓慢、多次登陆，降雨强度强、累计雨量大、极端性强等特点。

路径复杂、移动缓慢、多次登陆。台风“三巴”生命史中三次登陆，在南海中西部海面生成后持续向偏北方向移动，期间登陆海南岛西部，随后在北部湾北部转向偏南方向移动，登陆雷州半岛西侧，是近20年里第一个在雷州半岛西侧登陆的台风，之后二次登陆海南后减

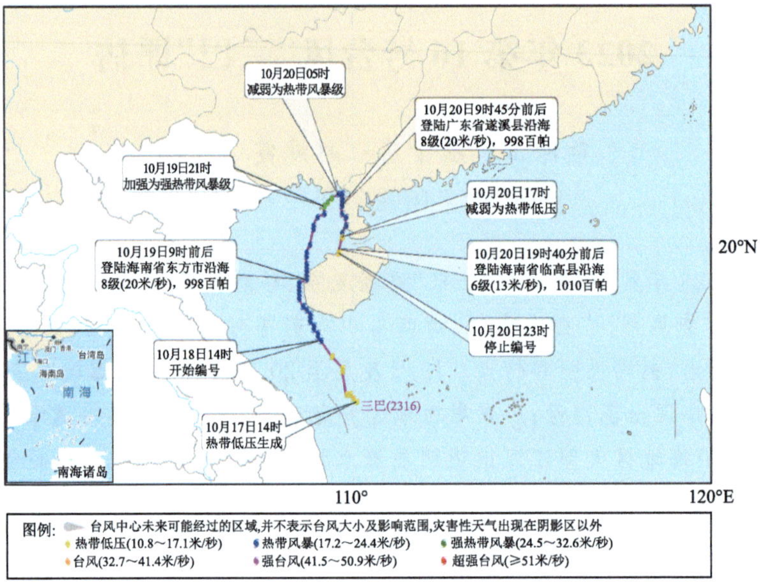

图 1　2023 年第 16 号台风“三巴”路径

弱消失。台风“三巴”基本处于副热带高压西侧边缘，引导气流较弱，移动速度缓慢，19 日夜间至 20 日凌晨移动速度慢至 8～10 千米/小时，后期受到冷空气影响，台风“三巴”在北部湾北部折向偏南方向移动。

降雨强度强、累计雨量大、极端性强。17—21 日，广东西部、广西东南部、海南岛中东部等地出现强降雨，广东茂名、湛江、阳江、云浮和广西玉林、北海、钦州等地部分地区 350～650 毫米，广西北海局地达 842 毫米。期间，广东、广西、海南 9 个国家气象站日降雨量突破 10 月极值，其中广西北海银海侨港镇亚平气象观测站 24 小时雨量 780.3 毫米，突破广西有观测记录以来的日降水量极值；玉林博白东平气象观测站 24 小时雨量 522.1 毫米，破博白县日降水量历史极值；广东茂名茂南区鳌头镇最大 1 小时雨量 158.5 毫米，突破茂名市历史极值。

三、影响分析

受台风“三巴”影响，19 日凌晨至 20 日夜间，琼州海峡客滚船全线停运；广西北海市区遭遇强降雨，市区多个路段出现内涝，积水最深处达 1.2 米；广东粤西地区罗定江上游已出现 50 年一遇洪水，广西东南部及南部沿海地区大部江河出现 2～7.5 米的明显涨水过程，共 23 条河流 30 个站点出现超警 0.04～2.65 米的洪水，南流江、白沙河全线超警；广东茂名、湛江和海南三亚等地停课。

四、气象部门预报预警服务情况

及时启动应急响应并发布预警信息。10 月 18 日 16 时，中国气象局及时启动重大气象灾害（台风）Ⅳ级应急响应；台风“三巴”影响期间，中央气象台共发布台风预警 7 期，暴雨预警 9 期，发布山洪、地质、中小河流洪水气象预警 6 期。

强化决策服务信息报送。台风生成及影响期间，采取超常规超长时段滚动决策气象服务，累计报送决策服务材料 9 期。10 月 18 日报送的《重大气象信息专报》指出南海热带低压已加强为 2023 年第 16 号台风“三巴”，并强调广东、广西等地降雨极端性强致灾风险高，需加强灾害防御工作。19 日凌晨 01 时制作《两办刊物信息》报送中办，指出，台风“三巴”夜里虽不登陆海南，但一直贴近沿海南岛西部近海向偏北方向移动；19 日白天制作《气象灾害预警服务快报》和《国办约稿》，指出，台风已登陆海南东方市近海，广东广西建议做好暴雨和大风灾害防御工作；19 日夜间决策服务值班员坚守岗位到凌晨 01 时，监测台风路径和风雨情况。

另外，中央气象台第一时间向公众发布台风“三巴”相关预警、预报、实况和天气提示信息，及时跟进台风路径、定位和登陆信息，提醒关注灾害发生风险。同时，还通过官方网站、微信微博、新闻媒体等平台及专家访谈等方式滚动更新台风“三巴”最新动态及影响，适时对台风、暴雨、防灾减灾相关知识进行科普，提醒公众做好灾害防御。

5日夜间至6日黑龙江东部地区有大暴雪、雨雪冰冻天气，局地降水量将突破历史同期极值

任丽　张惠君　吴迎旭　于震宇　王晾晾　姜丽霞
（黑龙江省气象局　2023年11月3日）

摘要：2023年1月1日夜间至2日黑龙江北部地区出现大雪，局地暴雪。预计5日夜间至6日黑龙江省将出现暴雪、雨雪冰冻、大风天气，东南部地区为雨夹雪转雪，其他地区以降雪为主。东部地区有大暴雪、局地特大暴雪，6日凌晨至上午哈尔滨地区将出现冻雨。此次过程影响范围广、降雪量大、灾害种类多，有冻雨、湿雪、暴风雪、道路结冰，东部部分地区降水量可能接近或突破历史同期极值。对交通、通信、城市运行、能源保供等影响较大。

一、降水实况

2023年1月1日20时至3日08时，黑龙江北部地区出现大雪，局地暴雪，东南部地区出现小雨，其中黑河、伊春、齐齐哈尔北部、鹤岗、佳木斯东部累计降雪量超过10毫米，最大为齐齐哈尔讷河20.5毫米。

二、天气预报

（一）雨雪范围广、雪量大

预计，5日08时至7日08时，哈尔滨、佳木斯、双鸭山、七台河、鸡西、牡丹江累计降水量为25～50毫米，其中双鸭山、七台河、鸡西、牡丹江东部局地50～60毫米；伊春南部、绥化东部、大庆南部、鹤岗累计降水量为5～20毫米；其他大部地区为1～5毫米。

具体天气预报：

5日20时至6日08时，哈尔滨南部和东部、七台河、鸡西、牡丹江有中雨夹雪（降水量10～24毫米），其中牡丹江南部有大雨夹雪（降水量25～30毫米）；伊春、绥化南部、哈尔滨西北部、佳木斯、双鸭山有中雪（降雪量2.5～5毫米，积雪深度2～4厘米），局地大雪（降雪量5～10毫米，积雪深度3～8厘米）；大兴安岭多云；其他地区有小雪（降雪量0.1～2毫米，积雪深度0～2厘米）（图1）。

6日08时至7日08时，哈尔滨东部、鹤岗东部、佳木斯、双鸭山西部、七台河、鸡西西部有大暴雪（降雪量20～30毫米，积雪深度15～25厘米），其中双鸭山西部、七台河、鸡西西部局地有特大暴雪（降雪量30～50毫米，积雪深度25～40厘米）；双鸭山东部、鸡西东部、牡丹江东部有中雨夹雪转大到暴雪（降水量15～45毫米，降雪量8～15毫米，积雪深度5～12厘

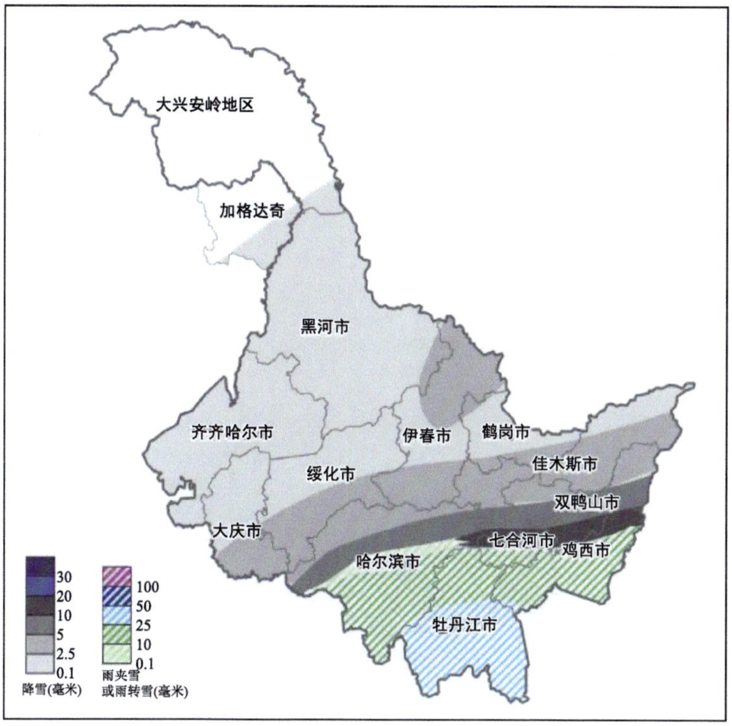

图 1 黑龙江省 2023 年 11 月 5 日 20 时至 6 日 08 时降水量预报

米);伊春南部、绥化东部、大庆南部、哈尔滨西部、鹤岗西部、牡丹江西部有大到暴雪(降雪量 8～20 毫米,积雪深度 8～20 厘米);伊春中北部、绥化西部、大庆北部有小到中雪(降雪量 1～4 毫米,积雪深度 1～4 厘米)(图 2)。

(二)雨雪相态复杂,将出现道路结冰

5 日夜间,哈尔滨南部和东部、七台河、鸡西、牡丹江有中雨夹雪,6 日逐渐转为雪。6 日凌晨至上午哈尔滨地区将出现冻雨。

各地雨转雪时间:6 日凌晨至早晨哈尔滨、七台河、鸡西西部、牡丹江西部雨夹雪转雪,6 日上午至午后双鸭山东部、鸡西东部、牡丹江东部雨夹雪转雪。

中东部地区有降水的同时将出现道路结冰。

(三)瞬时风力大,局地阵风可达 9～10 级

5—6 日黑龙江大部平均风力 4～6 级,阵风 7～8 级,局地可达 9～10 级,中东部地区将出现暴风雪。

(四)雪后降温明显

5—7 日气温大幅下降,大部地区降温幅度 8～10 ℃,局地 10～12 ℃。7 日白天大部地区最高气温－8～－3 ℃;夜间最低气温大兴安岭、黑河、伊春、鹤岗、佳木斯－20～－15 ℃,其他地区－15～－10 ℃。

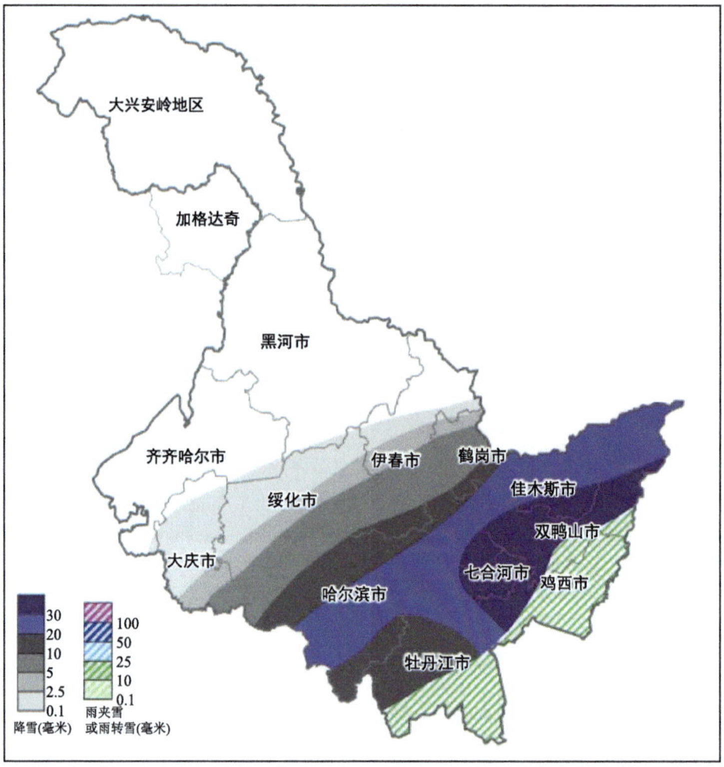

图2 黑龙江省2023年11月6日08时至7日08时降水量预报

三、关注与建议

(1)本次过程持续时间长、影响范围广、降雪量大、灾害种类多,有冻雨、湿雪、暴风雪、道路结冰,对交通、供电、通信、城市运行、能源保供等影响较大。道路湿滑、结冰,能见度较差,部分路段有雪阻。请加强铁路、高速公路、机场等安全管理;各地提前做好物资调配,及时清冰雪;供暖部门请科学调度,适时加大供暖力度;教育部门合理安排教学活动;城市管理部门做好安全运行保障工作。

(2)预计哈尔滨地区会出现冻雨,易导致供电或通信线路结冰,请供水、供电、供气、通信等部门要做好应急抢修的准备。

(3)风力较大,且湿雪量大,建筑工棚、临时搭建物、危旧房屋做好防风、防雪、加固,加大巡查力度,避免垮塌;树木易折断、倒伏,园林部门请做好防范。

(4)建议农户对于秋粮要加强科学管理,确保存贮安全;温室大棚种植户请提前做好防风加固工作,及时清除积雪,避免出现垮棚和影响采光,预防作物冻害、病害。畜禽养殖户要做好饲料储备、圈舍防风保暖等工作并注意预防疾病。

(5)气温较低,风力较大,体感温度低,请注意预防感冒、呼吸道心脑血管等疾病的发生,户外活动人员要做好保暖措施;公众减少外出防滑倒摔伤。

26日夜间至28日重庆西部地区暴雨持续，局地大暴雨（暴雨Ⅲ级预警）

闵凡花　李强　韩潇　陈道劲
（重庆市气象台　2023年12月7日）

摘要：预计7月26日夜间至28日白天重庆市西部地区暴雨天气持续，渝中、大渡口、江北、沙坪坝、九龙坡、南岸、北碚、渝北、巴南、潼南、合川、铜梁、大足、荣昌、永川、璧山、江津、綦江、南川、长寿、涪陵、两江新区、高新区、万盛经开区24个区暴雨，个别乡镇（街道）大暴雨；此次降雨过程累计雨量大，持续时间长，需防范暴雨诱发的城乡积涝、地质灾害、中小河流洪水及山洪等次生灾害。

一、天气趋势

受高原涡和西南涡共同影响，预计7月26日夜间至28日白天重庆市西部地区有暴雨到大暴雨，主要降雨时段为26日夜间至27日夜间。过程累计雨量西部地区80～160毫米，局地可达250～280毫米，其余地区5～30毫米，局地40～80毫米；最大小时雨量70～90毫米。降雨时伴有短时强降水、阵性大风、雷电等强对流天气。具体预报如下：

26日夜间至27日白天，渝中、大渡口、江北、沙坪坝、九龙坡、南岸、北碚、渝北、巴南、潼南、合川、铜梁、大足、荣昌、永川、璧山、江津、綦江、南川、长寿、涪陵、两江新区、高新区、万盛经开区24个区的部分乡镇（街道）有暴雨，个别乡镇（街道）大暴雨，其余地小到中雨，局地大雨。

27日夜间至28日白天，渝中、大渡口、江北、沙坪坝、九龙坡、南岸、北碚、渝北、巴南、潼南、合川、铜梁、大足、荣昌、永川、璧山、江津、綦江、两江新区、高新区、万盛经开区21个区的部分乡镇（街道）有暴雨，个别乡镇（街道）大暴雨，其余地小到中雨。

中心城区：26日夜间到27日白天，暴雨到大暴雨，气温26～31 ℃；27日夜间到28日白天，大雨到暴雨，气温26～33 ℃。

二、暴雨灾害风险预报

（一）高风险区

沙坪坝、渝北、北碚、巴南、潼南、合川、大足、铜梁、璧山、荣昌、永川、江津、綦江、万盛经开区、南川。

（二）较高风险区

大渡口、江北、九龙坡、南岸、高新区、北碚、长寿、垫江、涪陵、武隆。

三、地质灾害气象风险预警

(一)很高风险区

沙坪坝、九龙坡、巴南、两江新区、高新区、江津、綦江、南川。

(二)高风险区

大渡口、江北、北碚、渝北、潼南、铜梁、大足、荣昌、璧山、黔江、酉阳。

(三)较高风险区

渝中、南岸、合川、永川、万盛经开区、长寿、涪陵、垫江、丰都、武隆。

四、中小河流涨水风险提示

(一)高风险区

沙坪坝、高新区、渝北、北碚、巴南、潼南、合川、大足、铜梁、璧山、江津、綦江、万盛经开区、南川、涪陵。

(二)较高风险区

永川、武隆。

(三)有一定风险区

江北、两江新区、荣昌、长寿。

五、重点关注

(1)24日起重庆市大部地区已出现强降水,连续暴雨天气诱发城乡积涝、地质灾害、中小河流洪水及山洪的风险很高,提请加强防范。

(2)部分地区将出现短时强降水、阵性大风、雷电等强对流天气,关注其对交通、建筑、危险化工、矿山、旅游等行业领域安全生产可能造成的不利影响,提请加强防范。

15日起强寒潮将影响苏州市，16—18日有持续低温冰冻天气

孙伟　朱焱　沈沛丰　韦芬芬　周正明　吴玥　朱锦尧　陆家豪
（苏州市气象局　2023年12月12日）

摘要：北方有新一轮的强冷空气将于2023年12月15日早晨起自北向南影响苏州市，气温将大幅下降。预计48小时最低气温降幅可达12～14 ℃，17日早晨最低气温－5～4 ℃、有严重冰冻。15—16日冷空气影响时伴有小雨或小雨夹雪，以及5～7级、水面8级的西北大风。建议加强防范强寒潮和低温雨雪冰冻灾害，并关注持续低温对能源供应、人体健康等的影响。

一、天气预报

根据最新气象资料分析，北方有新一轮的强冷空气将于12月15日早晨起自北向南影响苏州，苏州市气温将大幅下降。预计48小时最低气温降幅可达12～14 ℃（图1），17日早晨最低气温－5～4 ℃、有严重冰冻。15—16日冷空气影响时伴有小雨或小雨夹雪，及5～7级、水面8级的西北大风（图2）。

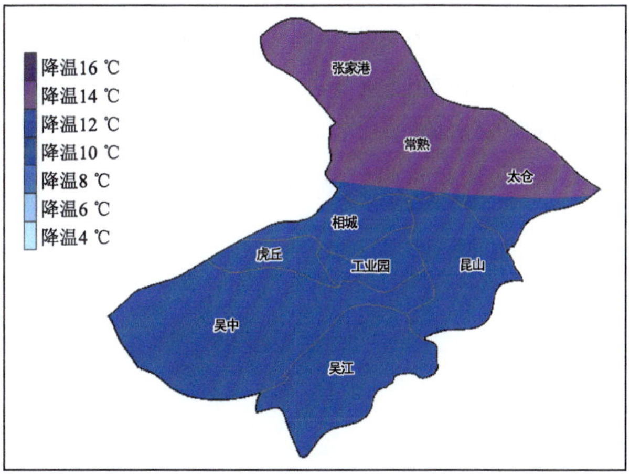

图1　苏州市过程降温幅度（12月14日08时至16日08时）

19日起苏州市气温略有回升，20日后又将有一股强冷空气影响苏州市，气温将再次下降。市气象局将加强跟踪监测预报，及时发布最新灾害性天气预警。

二、关注与建议

（1）能源调度：12月上旬苏州市气温异常偏高，本次强寒潮和持续低温冰冻将造成电

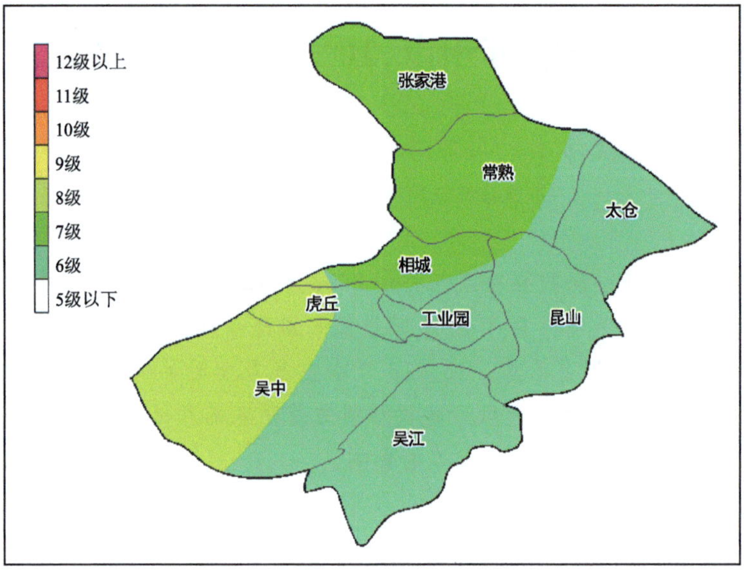

图2 苏州市大风预报(12月15日08时至17日08时)

力、燃气等能源需求量明显增加,建议相关部门提前做好调度准备。

(2)城市保供:建议做好水、电、气和通信等设施的防冻和安全巡查工作。

(3)健康:寒潮降温幅度大,建议卫健部门提醒老人、儿童等易感人群做好防护,预防呼吸系统和心脑血管系统等疾病的发生。

(4)农业:设施大棚、水产养殖和畜禽棚舍需做好防冻、防风工作。

(5)安全作业:建议相关部门做好高空作业、水上运输、户外广告牌等的防大风工作,针对低温冰冻的影响提前做好防御措施。

(6)城市交通:雨雪天路滑,请注意出行和交通安全。

第二篇

天气气候监测评估与预测

2022—2023年海南省冬春(1—5月)气候趋势预测

邢彩盈　吴慧　邹海平
(海南省气候中心　2023年1月3日)

摘要：2022年1—12月，全省平均降雨量2014.0毫米，较常年偏多9.6%，平均气温较常年偏高0.1 ℃；共有8个热带气旋影响海南省，强度总体接近常年，无热带气旋登陆，影响和登陆个数分别较常年偏少1.6个和1.8个；气象灾害属于一般年份。预计，海南省平均气温2023年1—2月略偏低、2023年春季略偏高，冬季期间可能出现阶段性的低温阴雨过程，低温阴雨影响属中等偏重年景；冬季降雨量偏少、春季偏多，出现严重气象干旱的可能性较小。

一、前期天气气候特点

2022年1月1日至12月31日，全省平均降雨量2014.0毫米，较常年同期偏多175.7毫米(9.6%)。各地降雨量1018.3(东方)～2454.0毫米(万宁)，与常年同期相比，琼中、东方、乐东和五指山偏少1.7～12.3%，其余市(县)偏多2.7～27.2%(图1和图2)。

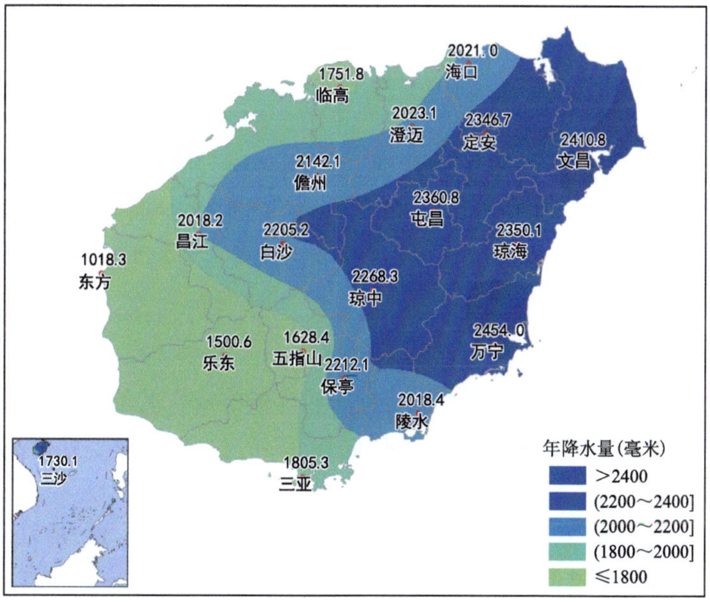

图1　2022年1月1日至12月31日海南省各地降水量分布

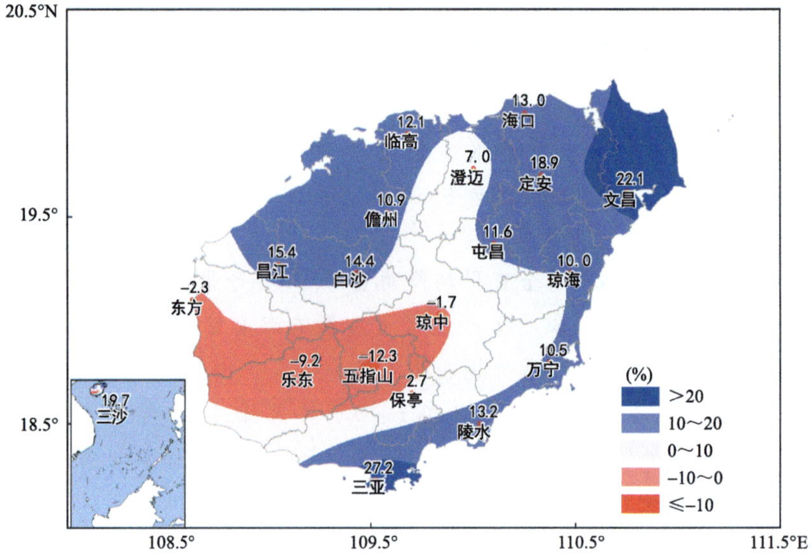

图2 2022年1月1日至12月31日海南省各地降水量距平百分率分布

2022年，全省平均气温24.8 ℃，较常年偏高0.1 ℃。各地平均气温23.3(琼中)～27.5 ℃(三沙)，海口、定安、万宁、琼海、琼中、乐东和陵水较常年偏低0.1～0.2 ℃，其余市(县)偏高0.1～0.4 ℃。

2022年共有8个热带气旋影响海南省，较常年偏少1.6个，无热带气旋登陆，登陆个数较常年偏少1.8个；热带气旋影响强度总体接近常年。此外，海南省还出现了低温阴雨、清明风、大雾、强对流、暴雨、高温和干旱等天气气候事件，气象灾害属于一般年份。

二、今冬明春气候趋势预测

根据海温、大气环流对海南省未来气候的影响预测，2022/2023年冬季(2023年1—2月)海南省平均气温略偏低，2023年春季平均气温略偏高，冬季期间可能出现阶段性的低温阴雨过程，低温阴雨影响属中等偏重年景；冬季降雨量偏少，春季偏多。具体气候趋势预测意见如下：

(一)气温

2022—2023年冬季(2023年1—2月)，海南岛各地平均气温18.0～22.4 ℃，西沙、南沙群岛23.8～27.2 ℃，各地平均气温较常年偏低0.2～0.4 ℃；其中1月偏高0.1～0.3 ℃，2月偏低0.4～0.8 ℃。

2023年春季(2023年3—5月)，海南岛各地平均气温24.6～27.8 ℃，西沙、南沙群岛27.8～29.5 ℃，各地较常年偏高0.2～0.4 ℃；其中3月偏高0.3～0.5 ℃，4月偏低0.1～0.2 ℃，5月偏高0.3～0.6 ℃。

极端最低气温：冬季极端最低气温接近常年。海南岛北部地区7.0～10.0 ℃，东部地区8.5～11.5 ℃，中部地区7.0～10.0 ℃，西部地区7.5～11.5 ℃，南部地区9.5～13.0 ℃，西沙、南沙群岛 18.5～23.5 ℃。

(二)降雨

2022—2023 年冬季(2023 年 1—2 月)，海南省各地降雨量较常年偏少 15%～20%，其中海南岛北部地区累计雨量 30～50 毫米，东部地区 70～90 毫米，中部地区 40～55 毫米，西部地区 15～30 毫米，南部地区 20～30 毫米，西沙群岛 35～45 毫米，南沙群岛 130～150 毫米。

2023 年春季(2023 年 3—5 月)，各地降雨量较常年偏多 5%～15%，其中北部地区累计雨量 320～400 毫米，东部地区 360～440 毫米，中部地区 380～460 毫米，西部地区 280～360 毫米，南部地区 290～350 毫米，西沙、南沙群岛 90～220 毫米。

各月降雨量与历年同期平均值相比较，1 月偏少 20%，2 月偏少 10%，3 月偏少 20%，4 月偏多 15%，5 月偏多 10%。

(三)主要气象灾害

2022—2023 年冬季(2023 年 1—2 月)，海南省可能出现阶段性的低温阴雨过程，低温阴雨影响属中等偏重年景；2022—2023 年冬春季(2023 年 1—5 月)海南省部分地区可能出现阶段性气象干旱，但出现严重气象干旱的可能性较小。

三、关注和建议

(1)冬季低温阴雨影响属中等偏重年景，需注意防范低温阴雨对早稻育秧、冬季瓜菜种植等的不利影响。早稻、制种稻秧苗期要避开低温阴雨过程或采取防寒措施；冬季瓜菜开花坐果等关键发育期采取措施，避开强低温阴雨天气过程。同时注意加强冬季田间管理，防止病虫害发生发展。

(2)冬季降水偏少，火龙果，芒果等冬季开花、坐果类的果园，需要密切关注阶段性干旱引起落花落果的不利影响。

贵州省2022/2023年夏秋冬连旱严重，预计2023年汛期将旱涝并存，需防汛抗旱并重

石艳[1]　顾天红[1]　童碧庆[1]　彭宇翔[1]　张东海[2]　李忠燕[2]　刘宇鹏[3]
（1. 贵州省气象台；2. 贵州省气候中心；3. 贵州省生态与农业中心　2023年4月7日）

摘要：2022年7月以来的异常暖干气候，导致贵州省2022/2023年出现夏秋冬连旱，直至2023年2月中旬区域性干旱过程结束，此次过程具有持续时间长、影响范围广、干旱程度强的特征，中旱以上地区的覆盖面积达全省土地面积的95.2%，为1961年以来最强干旱过程。期间，全省共组织开展人工增雨防雹作业2949次，发射火箭弹3696枚，飞机增雨44架次，累计飞行145小时，累计影响面积约12万平方千米，累计增加降水约25亿吨。

预计2023年汛期贵州省气候状况总体为一般到略偏差，雨季偏晚、降水总量偏少，大部气温偏高，旱涝并存、旱略重于涝，但旱情轻于去年。入汛后区域性暴雨过程较多，阶段性明显、极端性强，需加强山洪地质灾害和城镇内涝的防范工作。同时，盛夏出现阶段性高温，区域性干旱明显，需提前做好蓄水保水、抗旱和森林防火工作。

一、前期天气气候特点

（一）高温极端性强

2022年7月至2023年2月，全省平均气温为15.8 ℃，较常年同期偏高0.9 ℃，为1961年以来历史同期第二高值。2022年区域性高温日达49天，为1961年以来历史最多，18县（市、区）日最高气温达到或突破历史记录，赤水43.5 ℃（8月23日）打破贵州省极端日最高气温纪录。

（二）降水偏少明显

全省平均降雨量为356.7毫米，较常年偏少46.3%，为1961年以来历史同期最少；全省各地普遍偏少2成以上，其中北部和东部地区偏少5成以上。

二、干旱监测评估

（一）气象干旱持续时间长、强度大

根据《区域性干旱过程监测评估方法》（QX/T 597—2021），1961年以来，贵州共发生了41次区域性干旱过程，其中2022年8月13日至2023年2月21日的区域性气象干旱过程，共持续193天，累计干旱强度为18.9，在持续时间上虽不及2009年8月23日至2010年6

月 9 日的过程(291 天),但累计干旱强度超过 2009—2010 年的过程,为 1961 年以来最强干旱过程。

(二)农业干旱影响范围广、程度强

据旱地农业气象干旱监测显示,2022 年 7 月以来,全省共出现 5 次全省型农业气象干旱过程,分别为 7 月 8 日至 7 月 20 日(中等程度干旱)、8 月上旬至 9 月 23 日(中至特重旱)、9 月下旬至 10 月下旬(中至特重旱)、11 月上旬至年末(中至特重旱)。根据历年 6—12 月累计干旱强度指数显示(图 1),2022/2023 年农业气象干旱强度指数达到最高值,为 1961 年以来夏秋冬连旱最重年份。

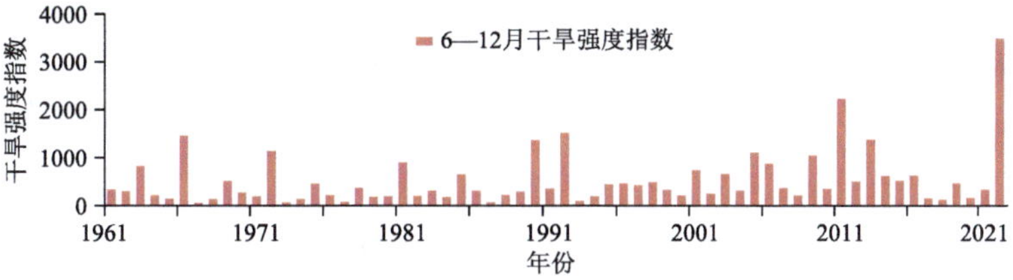

图 1 农业气象干旱强度指数年际变化

(三)旱情发展快、损失重

据省应急管理厅统计,截至 2023 年 2 月 17 日,贵州省有 8 个市(州)48 个县(市、区)遭受不同程度干旱灾害,受灾 74.97 万人,因旱需生活救助 30.95 万人,直接经济损失 1.09 亿元,其中黔东南、黔南、遵义、毕节等地受灾较重。

三、干旱影响分析

(一)水电乏力,电力供应压力增大

据 2023 年 2 月 20 日贵州省防汛抗旱指挥部办公室通报,2022 年 8 月以来贵州省江河来水量 229.8 亿立方米,较历史同期偏少近 5 成。16 个江河监测断面低于枯警水位,4 个江河监测断面低于历史最低水位。目前,全省蓄水量占应蓄量的 62%,同比少蓄 46.77 亿立方米,423 座水电站因旱低于死水位水库。截至 2 月 14 日,2023 年贵州全网发电量 205.62 亿千瓦时,同比减少 10.9%,其中水电发电量 18.04 亿千瓦时,同比减少 61.6%,全网水电蓄能值 34.58 亿千瓦时,较去年同期偏少 15.28 亿千瓦。

(二)农作物和经济林果生长受阻,品质受损、减产严重

重旱区域主要出现在省的东部、东南部,持续一个月以上,其中黔东南州特旱区域持续了近 2 个月,干旱主要影响土层较薄、坡地和无灌溉种植的油菜、油茶、蔬菜等,油菜幼苗长势偏弱,直播油菜出苗不齐,多为三类苗。油茶受干旱影响,减产较为严重。部分土层较薄的茶叶受旱出现叶片卷曲枯萎。高温伏旱造成烤烟烟叶逼熟,部分枯黄,严重影响烟叶品质,柑橘、猕猴桃、葡萄果实正常膨大受阻,造成日灼伤害,果皮开裂,部分还出现了落果,更有甚者,幼树出现枯死。

(三)水体面积缩小明显

采用高分等多源卫星遥感数据,开展水库水面面积遥感调查监测。监测结果显示,贵州受夏秋冬连旱影响,目前大部分水库蓄水量较少,水体面积总体小于往年同期,其中阿哈水库水体面积减小最多,水体面积比干旱年 2011 年还偏小。

四、汛期气候预测

(1)暴雨洪涝。预计 2023 年雨水集中期主要出现在 5 月上旬中期至中旬、5 月下旬后期至 6 月上旬前期、6 月下旬至 7 月上旬、7 月下旬中期、8 月上旬、9 月中旬。其中暴雨过程 5 月主要在铜仁市东部、黔东南州南部和黔南州南部,6 月在黔西南州东部和北部、黔南州东南部,7 月在遵义市西部、毕节市中部、铜仁市东部、贵阳市西部及黔西南州东部,8 月在毕节市中北部、六盘水市南部、遵义市西部及黔南州南部,9 月在遵义市西部、黔东南州南部和黔南州南部。

(2)气象干旱。预计 7 月下旬至 8 月上旬省的东部、北部、南部边缘地区有中等到略偏重的伏旱。

(3)高温。预计省的东北部、南部以及赤水河谷地区夏季高温日数较常年偏多 1~4 天。

五、防御建议

(1)做好抗旱减灾向防汛抗旱转段准备。截至目前,除西部、西南部及南部边缘外,全省大部地区已基本解除气象干旱,4 月下旬贵州省将自东向西进入雨季,应抓紧强化防汛准备,建议近期省政府组织召开全省汛期部署动员会。

(2)加强塘坝水库蓄水保水。针对贵州省中部以东以北降水较常年偏少、可能出现阶段性气象干旱的情况,应加强会商研判和科学调度,防汛、蓄水并重,最大程度保住水资源。

(3)防范高温对电力供应、城市运行的不利影响。针对贵州省东北部、南部及赤水河谷地区高温持续时间较长,应继续做好电力供应和调度,保障城市生产、生活物资供应,并注意防范城镇和林区火灾,同时提醒公众做好防暑降温措施。

(4)强化部门联动。完善以气象灾害预警为先导的多部门应急联动机制,共同做好灾害性天气的应急处置、协作联防,全力以赴保护生命财产安全,做好流域联防、蓄水调度、能源保供、交通保畅、地质灾害和城市内涝防范等工作。

(5)强化重大项目建设保障。汛期正值全省重大项目建设关键期,建议发改、住建、应急等部门加强与气象部门对接,做好重大建设项目灾害性天气预报预警服务,确保施工安全。

2023年北京防汛形势分析及风险隐患和对策建议

施洪波[1] 谢铁军[1] 张潇潇[1] 胡瑞卿[2] 张英娟[1]
(1. 北京市气候中心;2. 北京市气象局 2023年5月25日)

摘要:北京地区近10年(2013—2022年)汛期(6—8月),全市性暴雨过程多集中在7月,占63%;传统的"七下八上"降水集中特征发生转变,近10年全年最大旬降水量出现在7月中旬;短时强降雨过程主要集中在7月下半月至8月上半月,多出现在19时至次日06时,夜雨特征明显;汛期高温天气频发。目前赤道中东太平洋海温快速增暖,预计2023年夏季将进入厄尔尼诺状态,受其影响,预计2023年汛期北京地区呈多雨趋势,平均降水量为450～520毫米,比常年同期(374.9毫米)偏多2～4成,比去年同期(398.4毫米)偏多1～3成。出现大雨及以上量级(日降水量≥25毫米)的降水日数为5～7天,比常年同期(4.5天)偏多,接近去年同期(6天),在厄尔尼诺背景下,不排除出现大暴雨的可能性;高温(日最高气温≥35 ℃)日数略偏多。需特别注意强降雨过程引发的城市内涝灾害、山洪灾害和山体滑坡、泥石流等地质灾害,以及阶段性高温闷热天气过程引发的能源供应安全风险和供水安全风险。

经与国家气候中心、津冀晋蒙气象部门多次联合会商,综合分析最新气象资料,形成了2023年北京汛期(6—8月,下同)气候趋势预测意见。并结合风险隐患分析提出对策建议如下。

一、2023年前期天气气候特点

(1)降水整体偏少,月际波动大。2023年以来(1月1日至5月23日,下同)北京地区平均降水量47.0毫米,较常年同期(1991—2020年平均值,下同,63.7毫米)偏少26%,接近去年同期(48.3毫米),呈东多西少的空间分布(图1)。1月(2.4毫米)和2月(7.5毫米)降水偏多,4月(24.6毫米)降水略偏多,3月(1.2毫米)和5月以来(11.4毫米)降水偏少。

(2)气温整体偏高,起伏变化大。平均气温为7.1 ℃,较常年同期(6.1 ℃)和去年同期(6.0 ℃)偏高(图2)。3月上旬平均气温为8.6 ℃,较常年同期(3.1 ℃)偏高5.5 ℃,创历史同期新高;4月下旬平均气温为12.6 ℃,比常年同期(16.1 ℃)偏低3.5 ℃,为1981年以来历史同期第二低。

(3)大风日数和沙尘日数偏多。全市出现大风(8级,日瞬时极大风速≥17.2米/秒)日数为7.3天,较常年同期(5.4天)和去年同期(4.7天)偏多。出现7次沙尘天气过程,沙尘日数为12天,较常年同期(5.3天)偏多1.3倍,较去年同期(2.0天)偏多5倍(图3),2023年3月以来沙尘天气偏多的原因在于,一是下垫面利于沙尘活动,即沙源地植被覆盖较差、

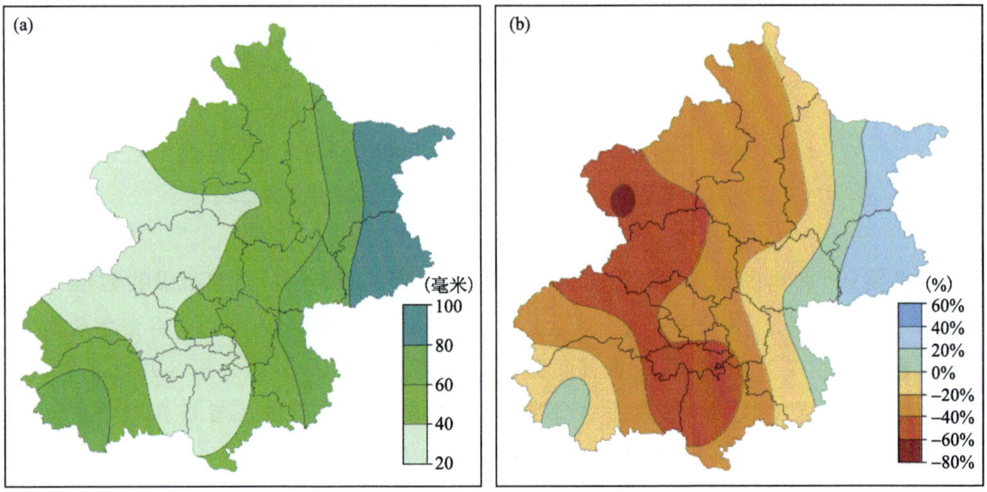

图 1　2023 年 1 月 1 日至 5 月 23 日北京地区降水量(a)和降水距平百分率(b)的空间分布

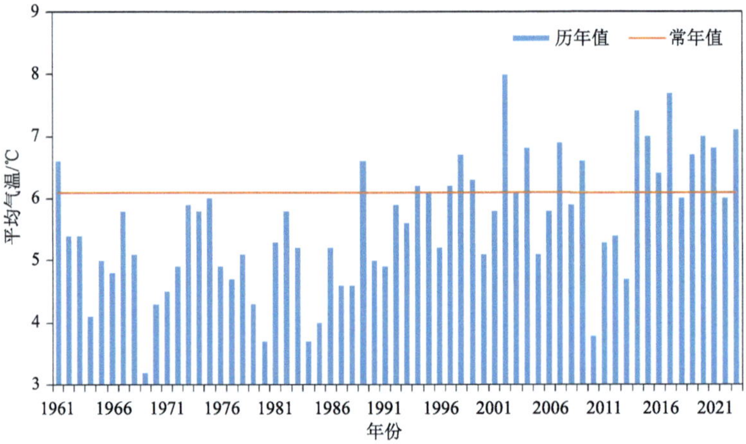

图 2　1961—2023 年 1 月 1 日至 5 月 23 日北京地区平均气温的逐年变化

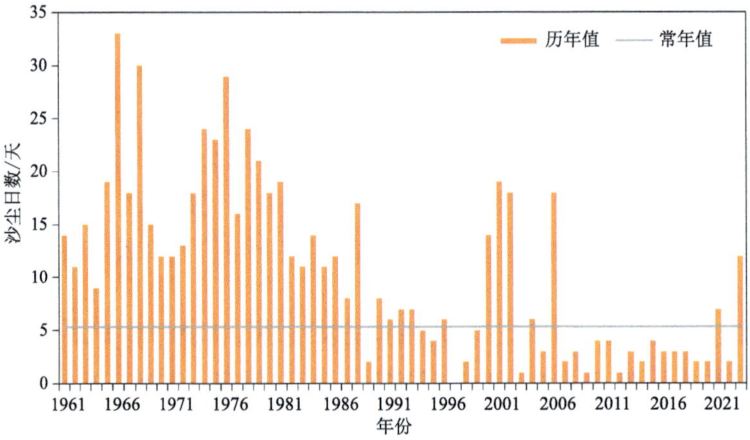

图 3　1961—2023 年 1 月 1 日至 5 月 23 日北京地区沙尘日数的逐年变化

冻土层沙土快速融化、大范围地表裸露，二是冷空气活动较多，为大风沙尘卷扬提供了有利条件。

二、近 10 年(2013—2022 年)汛期气候特征

(1)全市性暴雨过程多集中在 7 月。近 10 年汛期(6—8 月)共出现 8 次全市性暴雨过程，主要分布于东北—西南沿山一带。按出现月份看，7 月出现 5 次(7 月中旬 4 次)，8 月出现 2 次，6 月出现 1 次。从出现年份看，2017 年 3 次，2013 年、2016 年、2018 年、2020 年、2021 年各 1 次。从暴雨过程的降水量看，有 3 次过程降水量超过 100 毫米，其中 2016 年 7 月 19—21 日暴雨过程降水量最多，达 217.9 毫米。

(2)传统的“七下八上”降水集中特征发生转变。近 10 年全年最大旬降水量出现在 7 月中旬(86.5 毫米)，前 2 个 10 年(1991—2000 年和 2001—2010 年)最大旬降水量分别出现在 8 月上旬(69.7 毫米)和 7 月下旬(59.5 毫米)(图 4)。近 10 年 7 月下旬和 8 月上旬降水量较前 2 个 10 年同期均减少，7 月上旬和中旬降水量均增加，尤其 7 月中旬降水量增加明显，比常年值偏多 45%。

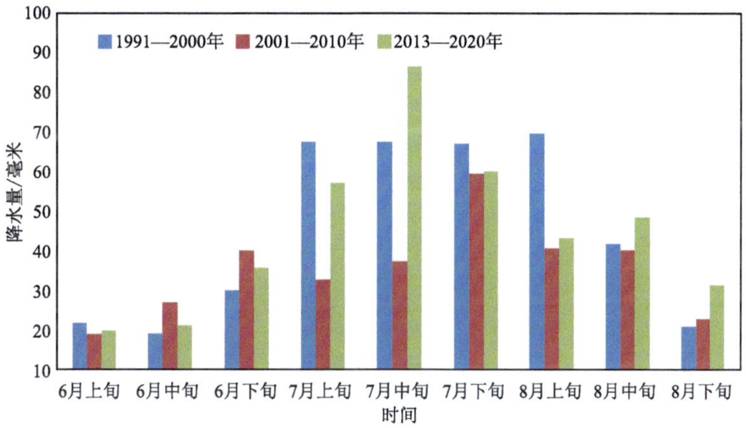

图 4　1991—2000 年、2001—2010 年、2013—2022 年平均汛期各旬降水量

(3)短时强降雨过程主要集中在 7 月下半月至 8 月上半月。近 10 年小时雨强超过 100 毫米的降雨过程共有 8 次，按出现月份看，其中 7 月下半月出现 3 次，8 月上半月出现 4 次，6 月出现 1 次(图 5a)。从出现年份看，2017 年、2018 年和 2019 年各 2 次，2021 年和 2022 年各 1 次。从出现时段看，多出现在 19 时至次日 6 时，夜雨特征明显(图 5b)。从空间分布看朝阳区 3 次、密云区 2 次、房山、大兴、延庆各 1 次，最大小时雨强出现在 2019 年 8 月 9 日 14—15 时的密云区黑龙潭站。

(4)汛期高温天气频发。近 10 年汛期平均高温日为 11.5 天，比常年同期(10 天)偏多。近 10 年高温日数超过 10 天的年份有 6 年，其中 2018 年达 20 天。有 3 年出现高温持续日数超过 5 天的高温过程(2018 年 6 天、2019 年和 2017 年为 5 天)。

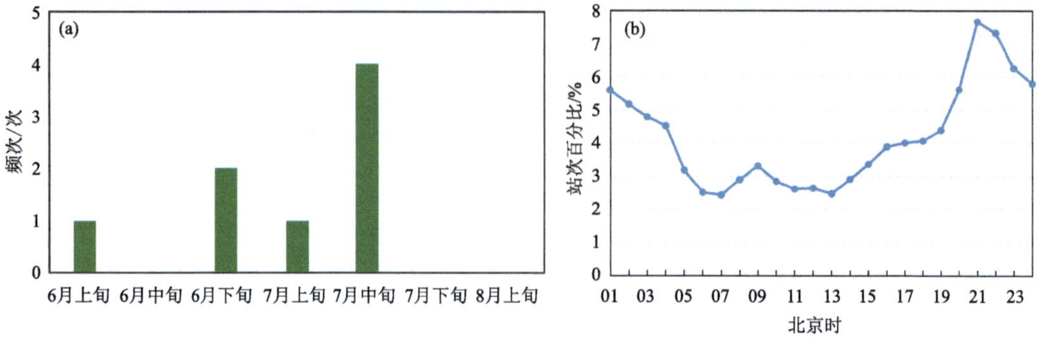

图5　2013—2022年汛期各旬小时雨强超100毫米的降水出现频次(a)和短时强降水出现站次百分比(b)的逐时变化

三、2023年汛期(6—8月)气候趋势预测

(1)雨量和大雨日数偏多。目前赤道中东太平洋海温快速升高,预计2023年夏季将进入厄尔尼诺状态,东亚夏季风略偏强,华北雨季爆发时间偏早。受其影响,汛期北京地区呈多雨趋势,平均降水量为450～520毫米,比常年同期(374.9毫米)偏多2～4成(图6),比去年同期(398.4毫米)偏多1～3成。出现大雨及以上量级(日降水量≥25毫米)的降水日数为5～7天,比常年同期(4.5天)偏多,接近去年同期(6天)。在厄尔尼诺背景下,不排除出现大暴雨的可能性。

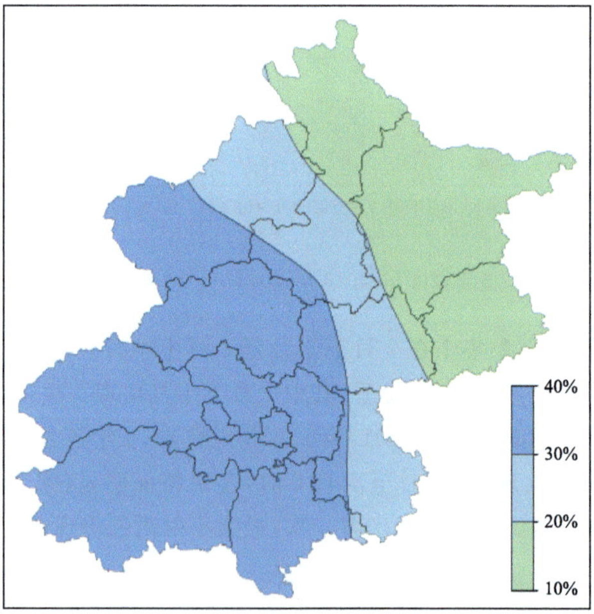

图6　2023年夏季北京地区降水距平百分率预测

(2)京津冀及海河流域降水偏多。2023 年汛期，预计京津冀地区相比常年同期降水偏多，中南部地区偏多 2～4 成，北部地区偏多 1～2 成。预计海河全流域汛期降水量为 400 毫米左右，比常年同期(333.2 毫米)偏多 2 成左右，接近去年同期(433.8 毫米)。

(3)气温接近常年同期。预计 2023 年汛期，北京地区平均气温为 25 ℃左右，接近常年同期(24.8 ℃)和去年同期(24.9 ℃)。高温日数(日最高气温≥35 ℃)为 10～12 天，比常年同期(10 天)略偏多，比去年同期(15 天)偏少。

四、主要气象灾害风险隐患分析

一是强降雨过程引发的城市内涝灾害、山洪灾害和山体滑坡、泥石流等地质灾害。夏季(6—8 月)降水量约占全年降水量的 70%，其中 7—8 月为主汛期，降水量约占整个夏季降水量的 80%。近 10 年北京地区有 8 次降雨过程小时雨强超过 100 毫米，其中有 7 次出现在 7—8 月。强降雨易导致城市低洼地区或地下空间(地铁、地下商场、下凹式立交桥、涵洞、隧道等)积水或雨水倒灌，进而引发交通阻断、人员伤亡和财产损失。西部、北部山区短时强降雨易引发山洪和泥石流及山体滑坡、塌方等地质灾害，对山区居民房屋、水库塘坝、郊野旅游安全构成威胁。

二是强对流天气相伴的雷暴大风、冰雹灾害。6—8 月为北京雷电、冰雹、大风等强对流天气多发的时段。雷暴天气对易燃易爆危化品生产、仓储、运输威胁大，大风天气易造成行道树等园林树木倒伏，对农业大棚等临时搭建物和户外高空作业威胁大，冰雹灾害主要对特色林果等农作物和车辆等地面设施影响较大。

三是阶段性高温闷热天气过程引发的能源供应安全风险和供水安全风险。北京作为超大城市，城市热岛效应十分显著。阶段性高温闷热天气将增大户外作业者中暑风险，威胁公众健康，同时对城市供水安全和电网安全运行、妥善调度迎峰度夏挑战较大。

五、对策建议

一是强化监测预报预警和会商研判。完善跨部门联合会商机制，密切监视雨情汛情发展变化，及时发布预警信息，特别是针对突发性局地暴雨及可能引发的城市内涝、山洪灾害、地质灾害等的预警信息，强化直达基层责任人的“叫应”机制，科学有效安排部署防范应对工作。

二是增强应急处置能力。进一步完善基层部门对局地突发极端天气事件的应急预案，增强各部门对局地性、突发性暴雨洪涝灾害的防范、处置能力，最大限度避免或减少重大人员伤亡和财产损失。多层次、多场景开展汛前应急救险的培训和演练，加强重点地区极端降水的救助情景、救援力量布防的评估。

三是提升公众防汛减灾救灾意识。进一步加大科普宣传工作力度，提升全社会防汛减灾救灾意识，汛期尽量避免前往山区和河塘沟渠附近，关注气象预警信息，提高社会公众应急避险自救能力。

玛旁雍错和班公湖湿地变化及气候影响分析

张伟华　顿玉多吉　边巴次仁　白玛仁增
（西藏自治区气候中心　2023年6月6日）

摘要：湿地作为珍贵的国土和自然资源，享有“地球之肾”美誉，具有潜在不可估量的生态和旅游价值。选取玛旁雍错和班公湖湿地，分析近年来湿地空间变化和气候影响。结果表明：①全球变暖仍在持续，青藏高原趋势尤为突出，其中阿里北部较为明显，南部气温略有下降；②阿里降水呈显著增加趋势，有利于湿地水源补给。对策建议：①做好湿地类型监测，保护湿地生物多样性；②持续关注区域气候和湿地的变化情况，尤其关注极端气候情形造成的不利影响；③创新工作机制，培养管理人才，落实科普教育。

湿地是一种极为珍贵的国土和自然资源，以其丰富的生态系统功能为人类生存和持续发展做出了重大贡献。西藏湿地约6.529万平方千米，居全国第二，其中国家湿地公园有22处。在气候整体变暖、局部变干，固体废弃物污染、植被破坏等影响下湿地生态系统内土地沙化和荒漠化日趋加剧，野生动植物资源受到严重威胁。2023年2月2日是第27个国际湿地日，主题为“湿地修复”，旨在提高公众对湿地为人类和地球所做贡献的认识，促进采取行动来修复湿地。

《中国气候变化蓝皮书（2022）》指出，1961—2021年，中国年降水量每10年增加5.5毫米，2012年以来年降水量持续偏多；1951—2021年，中国年平均气温呈显著上升趋势，升温速率为每10年0.26 ℃。

1981—2022年西藏年平均气温为4.9℃，呈上升趋势，升温率为每十年0.4 ℃，尤其是1991—2021年升温更加显著。西藏年降水量平均为460.7毫米，每十年增加7.6毫米，其中1981—2021年降水量增加趋势明显。1981—2022年阿里地区年平均气温为1.9 ℃，每十年升温0.5 ℃；年降水量平均为135.4毫米，每十年增加7.9毫米。

本报告选取藏西南喜马拉雅山北麓的玛旁雍错湿地和藏西北班公湖湿地进行分析，以上湿地在阿里地区有空间分布代表性。利用高分卫星影像提取近年来湿地的空间分布，结合周边气象站（普兰、日土）观测数据，分析21世纪以来气候变化对湿地空间分布的影响，为湿地保护和科学合理利用提供依据。

一、气候变化分析

（一）气温分析

全球变暖趋势仍在持续，近60年来青藏高原温度上升近2.3 ℃，增速超过同期全球的两倍。21 世纪以来，西藏年平均气温整体也呈显著上升趋势，局部地区基本持平。

2001—2022 年，普兰年平均气温略呈降低趋势，2015 年气温距平最低，约－1.18 ℃，2016 年气温距平最高，约－1.52 ℃，其中，2001—2006 年呈上升趋势，增速为每 10 年上升 1.57 ℃，2006—2015 年呈降低趋势，降低速度为每 10 年下降 1.84 ℃，2016—2022 年也呈降低趋势，降低速度为每 10 年下降 3.5 ℃，这表明 21 世纪以来的前 6 年，西藏喜马拉雅山和冈底斯山之间的区域气温在上升，但 2006 年以后气温呈下降趋势，其中 2015—2016 年间气温异常；班公湖年平均气温呈升高趋势，约每 10 年升高 0.62 ℃，2005 年气温距平最低，约－1.25 ℃，2016 年气温距平最高，约 1.65 ℃，2001—2015 年基本持平，2013—2021 年显著升高，增速为每 10 年上升 0.86 ℃，这表明，21 世纪以来藏西北喀喇昆仑山一带气温年际间变化明显，呈显著上升趋势(图 1)。

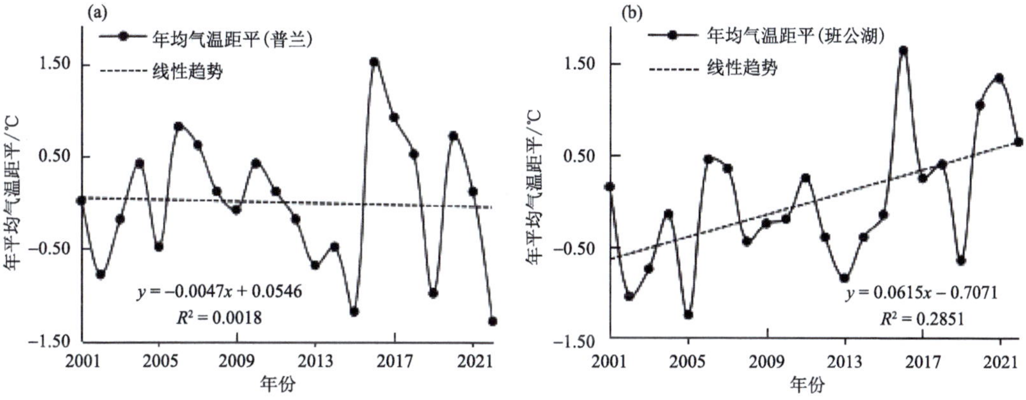

图 1　2001—2022 年普兰站(a)和班公湖(日土)站(b)年平均气温距平变化

(二)降水分析

我国地表水年际变化明显，区域降水差异显著，近 60 年来青藏高原年降水量平均每 10 年增加 7.9 毫米，特别是 2016 年以来，降水量持续异常偏多。过去的半个世纪里，西藏年降水量累计增加 33 毫米。

2001—2022 年，普兰年降水量呈增加趋势，2020 年降水量距平最低，约－85.94 毫米，2013 年降水量距平最高，约 144.96 毫米，2015—2019 年呈稳定的上升趋势，增速约每 10 年上升 32.39 毫米，这表明 21 世纪以来西藏喜马拉雅山和冈底斯山之间的区域在持续增“湿”，个别年份突增(2013 年)突减(2020 年)；班公湖年降水量也呈增加趋势，平均每 10 年增加 27.28 毫米，年际间变化幅度相对较小，这表明 21 世纪以来藏西北喀喇昆仑山一带增“湿”趋势稳定(图 2)。

二、湿地空间变化

(一)玛旁雍错湿地

卫星遥感影像提取湿地显示，2022 年玛旁雍错湿地保护区内湿地总面积约 724.85 平方

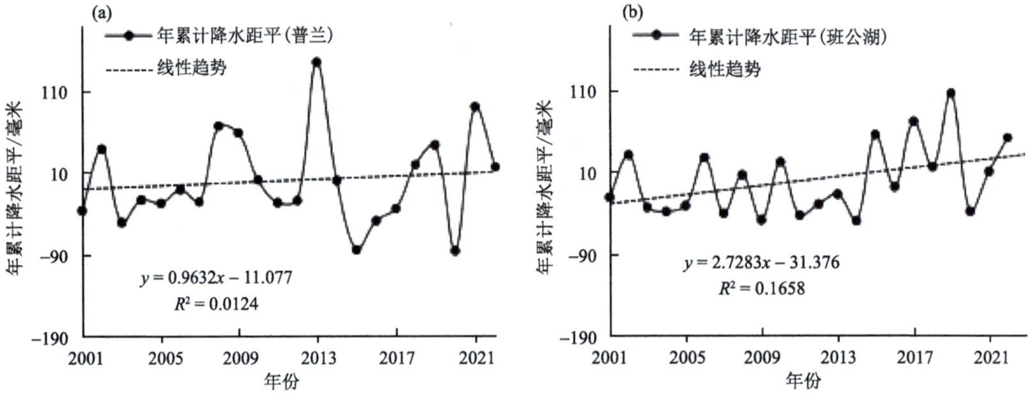

图2 2001—2022年普兰站(a)和班公湖站(b)年累计降水距平变化

千米,占保护区面积的71.63%,其中河流湿地约14.93平方千米,湖泊湿地约665.22平方千米,草本沼泽湿地约24.11平方千米,泥炭、滩涂湿地约20.59平方千米;与2013年、2017年和2019年相比,河流湿地面积呈增大趋势,湖泊湿地面积呈减小趋势,草本沼泽湿地面积呈现先增大后减小趋势,泥炭、滩涂湿地面积呈先减小后增大趋势(表1)。

表1 玛旁雍错湿地自然保护区湿地面积

湿地类型	面积/平方千米			
	2013年	2017年	2019年	2022年
河流湿地	14.00	14.24	14.56	14.93
湖泊湿地	670.04	670.08	669.21	665.22
草本沼泽湿地	24.37	24.81	24.27	24.11
泥炭、滩涂湿地	17.98	17.70	18.46	20.59

从空间分布来看,河流湿地面积增大部分主要分布在西北部,草本沼泽湿地面积减小区域主要在东部,泥炭、滩涂湿地面积主要在西北部增大(图3)。

(二)班公湖湿地

卫星遥感影像提取湿地显示,2022年班公湖湿地保护区内湿地总面积约374.06平方千米,占保护区面积的77.67%,其中河流湿地约12.06平方千米,湖泊湿地约268.31平方千米,草本沼泽湿地约15.90平方千米,泥炭、滩涂湿地约77.79平方千米;与2013年、2017年和2019年相比,河流湿地面积呈波动增大趋势,湖泊湿地面积呈增大趋势,草本沼泽湿地面积呈现先增大后减小趋势,泥炭、滩涂湿地面积呈减小趋势(表2)。

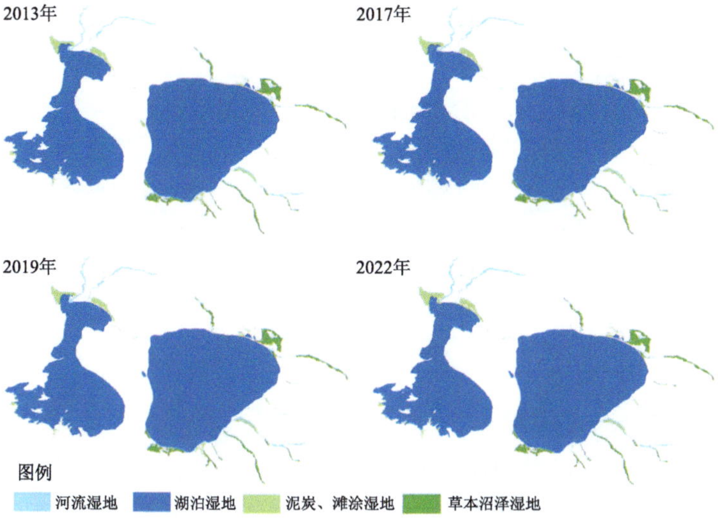

图 3　2013 年、2017 年、2019 年和 2022 年玛旁雍错湿地空间分布

表 2　班公湖湿地自然保护区湿地面积

湿地类型	面积/平方千米			
	2013 年	2017 年	2019 年	2022 年
河流湿地	11.48	11.97	11.44	12.06
湖泊湿地	262.44	266.69	268.17	268.31
草本沼泽湿地	10.42	16.86	18.11	15.90
泥炭、滩涂湿地	93.44	78.80	75.96	77.79

从空间分布来看，河流湿地面积增大部分主要分布在北部，草本沼泽湿地面积变化主要分布在西北部，泥炭、滩涂湿地面积减小主要在南部（图 4）。

三、气候对湿地影响

玛旁雍错湿地　2017 年以前，湿地面积呈增大趋势，2017 年以后湿地面积减小，气温升高是其变化主导因素，降水对其湖泊、草本沼泽湿地有一定影响。降水减少，气候暖干化，冰川、积雪融水有限，致使河流湿地、泥炭、滩涂湿地面积略有增大，但对于湖泊、草本沼泽湿地得不到充足的水分，其该类湿地面积有所萎缩，湿地水源涵养能力的下降，有利于中生植物（生长在中等水湿度、通气良好、营养适度的土壤上的植物）生长，草本沼泽湿地退化成草原。

班公湖湿地　21 世纪以来，湿地面积呈减小趋势，气温升高是其变化主导因素。该区域气候暖湿化严重，冰川、积雪略有增加，河流、湖泊湿地面积呈增大趋势是受气温显著升高影响，但草本沼泽受气温和降水的双重影响。

综合来看，藏西区域气候相对干燥，气温升高致使冰雪融化，有利于湿地发育，同时该区域北部降水略有增加，南部近年来有减少趋势，玛旁雍错湿地面临气候暖干化威胁。

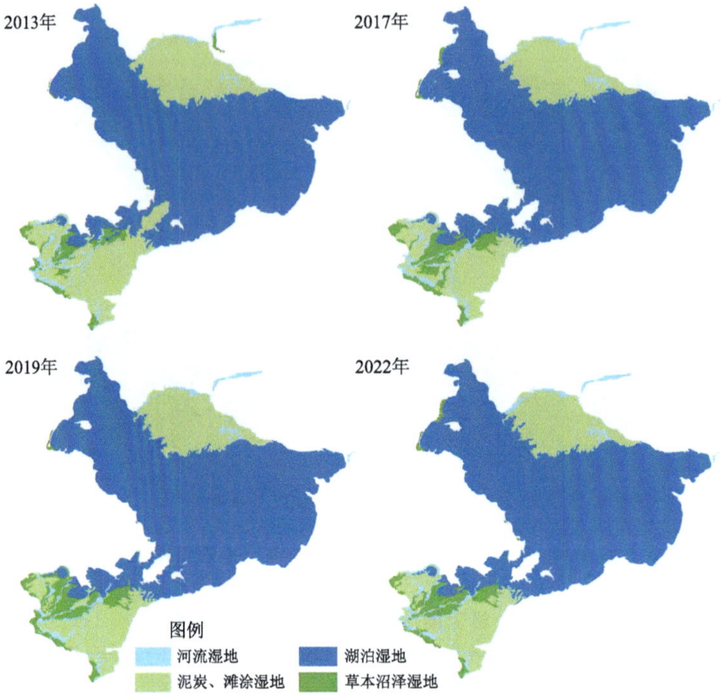

图4　2013年、2017年、2019年和2022年班公湖湿地空间分布

四、对策与建议

随着全球变暖，降水区域化差距显著，灾害频发，全球大多数湿地呈退化趋势，湿地生态系统功能在削弱。利用遥感监测湿地变化，分析气候对不同区域湿地的影响，是应对气候变化的重要课题，也为保护湿地资源，稳固湿地生态综合功能极为重要。综合气候对玛旁雍错和班公湖湿地的影响，提出以下对策建议：一是积极响应我国制定的《国家公园空间布局方案》和《全国湿地保护规划（2022—2030年）》，开展针对不同湿地类型的有效保护应对措施，全方面监测湿地类型变化、湿地优势种的长势和生物多样性的保护；二是持续关注区域气候和湿地的变化情况，尤其关注极端气候情形造成的不利影响；三是创新工作机制，培养管理人才，落实科普教育。

近10年上海市高温中暑特征分析及应对措施

叶晓芳[1] 彭丽[1] 许建明[1] 杨丹丹[1] 常炉予[1] 杨丝絮[1]
郝莉鹏[2] 沈惠平[2] 许东[3]
（1. 长三角环境气象预报预警中心；2. 上海市浦东新区疾病预防控制中心；
3. 上海市徐汇区疾病预防控制中心 2023年6月27日）

摘要：2022年夏季，上海市炎热程度历史罕见，极端高温对城市运行、市民健康造成了严重威胁，受到了社会和公众的密切关注。随着全球气候变暖加剧，未来极端高温出现的频次和强度趋于增加。上海市气象局依托上海市气象与健康重点实验室，联合徐汇区疾病预防控制中心和浦东新区疾病预防控制中心，详细分析了近10年上海市高温天气的演变规律，揭示了高温促发中暑的发病特点和人群特征，进而对大城市高温中暑风险服务提出具体措施。

2022年夏季上海市炎热程度历史罕见：7月10日出现"史上最早40 ℃"高温天；7月13日最高气温（40.9 ℃）追平1873年有气象记录以来的最高值。极端高温对城市运行、市民健康造成严重威胁，受到社会和公众的密切关注。中暑是高温影响人体健康的直接表现。高温时人体产生的热量不能及时散发，进而出现大汗、口渴、头晕等症状，严重时可导致死亡。随着全球气候变暖加剧，未来极端高温出现的频次和强度趋于增加。为摸清上海市高温天气的规律特征，阐明其危害健康的途径和程度，上海市气象局依托上海市气象与健康重点实验室，联合徐汇区疾病预防控制中心和浦东新区疾病预防控制中心，详细分析了近10年上海市高温天气的演变规律，揭示高温促发中暑的发病特点和人群特征，进而对大城市高温中暑风险服务提出具体措施。

一、近10年上海市高温天气的特征规律

（1）高温日集中在7—8月。分析徐家汇气象站的观测记录发现，近10年上海市高温日（日最高气温≥35 ℃）出现在5—10月，最常见于7月（占48.4%）、8月（占44.8%）。高温日最早出现在5月16日（2018年），最晚出现在10月3日（2022年）。

（2）高温日数呈现波动变化。近10年上海市夏季平均气温为27.9 ℃，总体呈现上升趋势（平均每年升高0.12 ℃），白天、夜间气温的升高幅度相近。近10年上海市高温日数呈波动变化的特征（图1），平均每年出现25个高温日（包括日最高气温≥37 ℃的酷暑日11个），其中2022年（50个）、2013年（47个）明显偏多；2014年（8个）、2019年（11个）相对偏少。

（3）高温时段集中在午后。夏季上海市高温日的高温（≥35 ℃）持续时间平均为5.2小时，最长可达12小时（09—20时）。高温时段主要出现在11—16时，其中13—14时频次最高（94.0%）。日最高气温主要分布在午后14时（38.4%）、13时（27.8%）和15时（22.2%）。

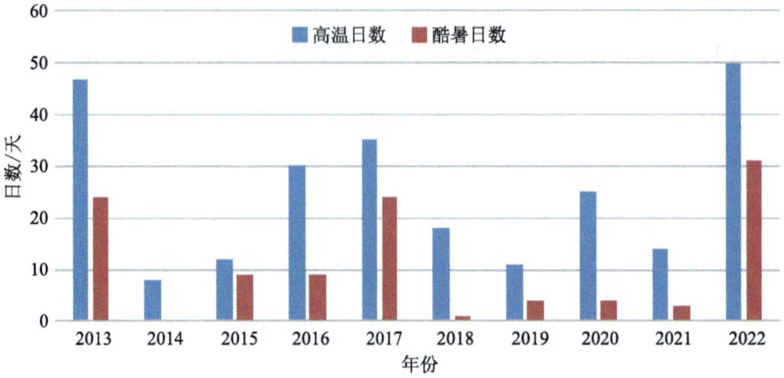

图1　2013—2022年徐家汇站每年的高温日数和酷暑日数

二、上海市高温中暑的发病和人群特征

(1)重症中暑以热射病为代表。从“突发公共卫生事件报告管理信息系统”提取2013—2022年徐汇区和浦东新区中暑病例报告，截止到2022年9月30日，共报告中暑病例472例，其中重症中暑301例(占63.8%)，含死亡39例(占8.3%)。重症中暑以热射病为主(占54.5%)，其次为热痉挛(占19.6%)、热衰竭(占13.0%)和混合型(占12.0%)。死亡病例中有23例(59.0%)由热射病造成。中暑病例在4—9月出现，主要集中在7—8月(占92.8%)，显然与高温天气密切相关。其中2013年、2017年、2022年中暑病例明显偏多，分别为113例、76例和82例。

(2)“一老一外”(老人，户外工作人员)是中暑高发人群。近10年本市中暑病例平均年龄为54.2岁，最小16岁，最大98岁。随着年龄增加，重型中暑和死亡的比例逐渐增加。老年人(≥65岁)是中暑的高风险人群，居家是老年人主要的中暑发生场所，原因是其住所未装或未开空调。另外，中暑病例中男性(占75.4%)显著多于女性，其主要职业是工人，中暑多发生在户外工作场所。

三、夏季高温产生的中暑风险差异

(1)33 ℃是上海市高温中暑的风险阈值。上海市报告中暑的日最高气温区间在26.1～40.9 ℃，其中81.1%的病例报告在高温日，仍有18.9%的中暑病例报告在非高温日。利用流行病学方法分析了日最高气温与中暑之间的关系，发现当日最高气温≥33 ℃后，中暑病例随气温升高呈现指数级增长(图2)。日最高气温达到33 ℃、35 ℃和37 ℃时，中暑风险将分别上升3.4倍、11.1倍和23.3倍。下一步我们将采用更大人群的数据研究，构建本地化的高温中暑风险预警指标体系。

(2)持续高温显著增大中暑风险。近10年上海市共出现24次持续性高温过程(出现连续3天及以上高温日)，持续时间大多在3～12天。和单个高温日相比，持续高温导致的中暑风险增大约1.1～3.5倍。高温持续时间越长，中暑风险越高。持续3天、4～7天、7天以

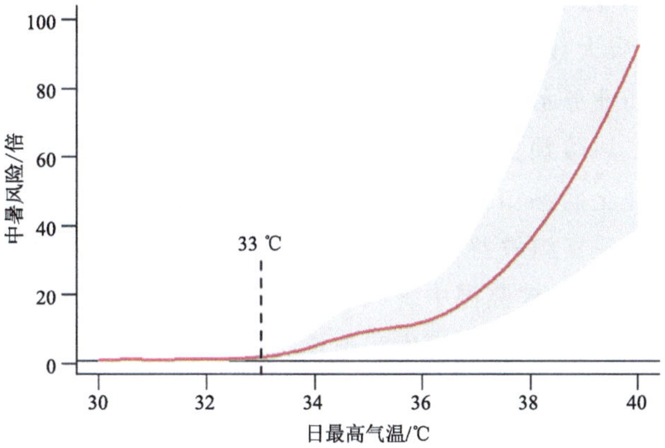

图 2　不同的日最高气温下的中暑风险变化

上高温过程的中暑风险分别是单个高温日的 1.7 倍、2.4 倍和 4 倍。需要关注的是，每年首个持续高温过程非常容易造成中暑，其风险是单个高温日的 2.5 倍，之后持续高温的中暑风险降低为 1.4 倍。这可能与社会、家庭预防措施不充分以及身体机能尚未适应有关。

(3)叠加型高温的中暑风险最高。根据本市夏季高温日气温变化的特点，可将高温日分为白天型(仅满足日最高气温≥35 ℃)、夜间型(仅满足日最低气温≥27 ℃)和叠加型(同时满足日最高气温≥35 ℃和日最低气温≥27 ℃)，每年分别出现 4 天、13.3 天和 21 天，叠加型高温日数最多。近 10 年上海市夜间型高温日数增加最显著(平均每年增加 0.9 天)，白天型高温每年增加 0.3 天。叠加型高温呈波动变化，2013 年和 2022 年均达到 41 天之多。研究发现，三类高温具有不同的中暑风险。和非高温日相比，白天型、夜间型和叠加型高温的中暑风险分别增加 9.5 倍、7.2 倍和 16.1 倍。因此有必须根据气候变化的特点，进一步完善上海市高温中暑风险预警的精细化水平，提升应对和防御能力。

(4)湿度也是影响中暑的重要因子。研究表明，高温高湿环境会抑制人体的表皮水分蒸发散热，从而增大中暑风险。夏季上海市高温日总体呈现晴热干燥的特点，平均相对湿度为 67%，低于夏季平均相对湿度(73%)，只有极少数(<5%)高温日的相对湿度达到 80%以上。因此，夏季高温日发生的中暑主要由高温效应促发，湿度影响较小。但是，非高温日发生中暑时相对湿度明显偏高，超过一半非高温日的平均相对湿度超过 80%，由此推测湿度仍然是诱发中暑的关键因子，在非高温日尤其明显，有必要结合动物试验深入开展影响机制和途径的研究，尤其是温湿复合影响的研究。

四、下一步工作

随着气候变化加剧，高温、寒潮等极端天气趋于频发，对市民健康造成严重影响。为深入践行“人民至上、生命至上”理念，积极推动健康上海建设，上海市气象局将进一步深化和卫生、民政等部门的合作联动，构建适应超大城市需求的高温中暑风险预警业务。一是构建科学精细的高温中暑预警指标体系。随着气候变化和城市人口规模、年龄结构的变化，传统的高温预警指标已经不能满足精细化健康管理的要求，市气象局将和市卫健委深化合作共享，联合实施气象和健康大数据分析，构建适用于上海市的高温中暑预警指标体系。二是开展高温中暑预警和预防业务示范。气象、卫生、民政等部门通过合作联动，针对“一老一外”中暑高风险人群，探索“风险预报—应对干预—复盘迭代”的全周期管理模式，依托“一网统管”开展工作试点，构建全面感知、智能预判、有效预防的高温中暑预警和预防业务，提升精细化健康管理水平。三是实施效益评估和区域推广。发挥在沪高校的多学科优势，加强气象、卫生、经济等学科交叉，构建高温中暑风险服务效益评估指标，不断完善服务方式和服务流程。依托长三角一体化气象服务，探索实施长三角城市群高温中暑风险服务。

四川秋雨提前,建议关注秋收秋种秋管

邓彪　孙昭萱　王春学　甘薇薇　孙蕊　罗玉　吴越　蔡怡亨　王顺久
(四川省气候中心　2023年8月29日)

摘要:四川大部地区年均秋雨期超过30天,其中盆地西南部和南部大部地区超过60天。进入21世纪以来,四川秋雨呈综合强度明显增加、开始期逐渐提前、结束期逐渐推迟的变化趋势。常年绵阳北部、雅安东部、乐山南部、达州南部及泸州大部属秋雨高风险区。四川秋雨利于增加秋季蓄水,提升流域水资源在生产、生活、生态、抗旱、供电等方面的综合效用,保障来年大春生产顺利开局,但不利于当年大春作物成熟收晒和晚秋作物积极生长,并可能影响小春播栽质量及进度。

2023年四川秋雨始于8月21日,较常年偏早16天,预计强度较常年偏弱,当前正值盆地农区大面积进入秋收时段,秋雨偏早可能对秋收、秋种和秋管农事活动带来一定影响。对盆南、盆中、盆东北、攀西地区和川西高原北部大春作物及时收晒和小春作物正常播栽不利。秋雨偏多的雅砻江和金沙江流域可开展汛末蓄水,增强水电供应。

一、四川秋雨特征

华西秋雨,民间又称“秋绵雨”“秋淋”“连阴雨”,是华西地区秋季连阴雨的特殊天气现象,主要出现在四川、重庆、贵州、甘肃东南部、宁夏南部、陕西南部、湖南西部、湖北西部一带,在四川称“四川秋雨”。最显著特征是阴雨绵绵,有些年份异常强会引发秋汛。常年,四川秋雨从8月30日开始,11月1日结束,雨量占全省年均降水20%左右。四川大部地区年均秋雨期超过30天,其中盆地西南部和南部大部地区超过60天(图1)。

1961—2022年四川秋雨综合强度呈不显著的减弱趋势(图2)。其中,20世纪60年代至80年代中期,秋雨强度大多为正异常;80年代后期到21世纪初以负异常为主;21世纪以来秋雨综合强度呈明显增强趋势。1961—2022年开始和结束日期具有较明显的年代际变化特征,21世纪以来秋雨开始期有逐渐提前、结束期有逐渐推迟的变化趋势(图3)。

根据历史资料,综合分析致灾因子危险性、孕灾环境敏感性、承灾体易损性,四川秋雨灾害风险区划如图4所示。川西高原阿坝州中部偏北、甘孜州北部、盆地西北部、盆地西南部大部地区、盆地中部大部地区、盆地东北部大部(除德阳和成都小部分地区外)、盆地南部局部区域具有中等及以上秋雨风险,秋雨高风险区主要位于盆地西北部的绵阳北部、盆地西南部的雅安东部、乐山南部、盆地东北部的达州南部以及盆地南部的泸州大部,其余地区均为次低和低风险区。

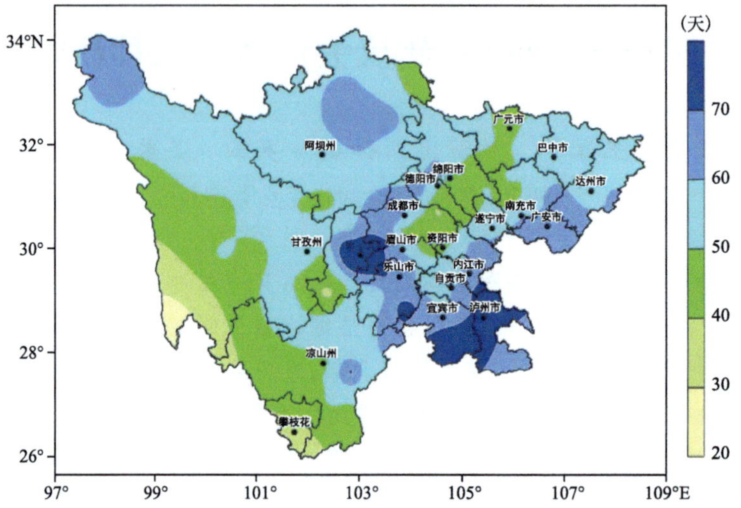

图 1　四川秋雨期多年平均日数空间分布

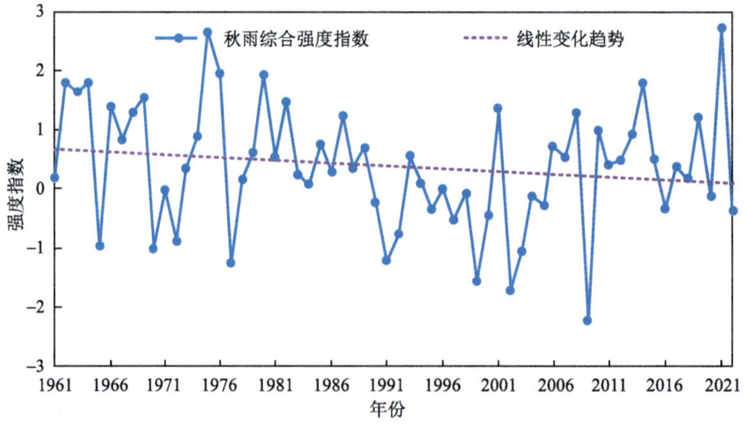

图 2　1961—2022 年四川秋雨综合强度指数变化

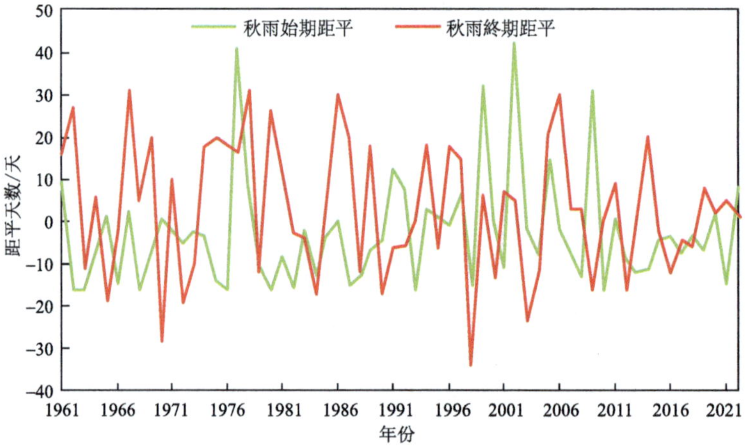

图 3　1961—2022 年四川秋雨开始、结束日期变化

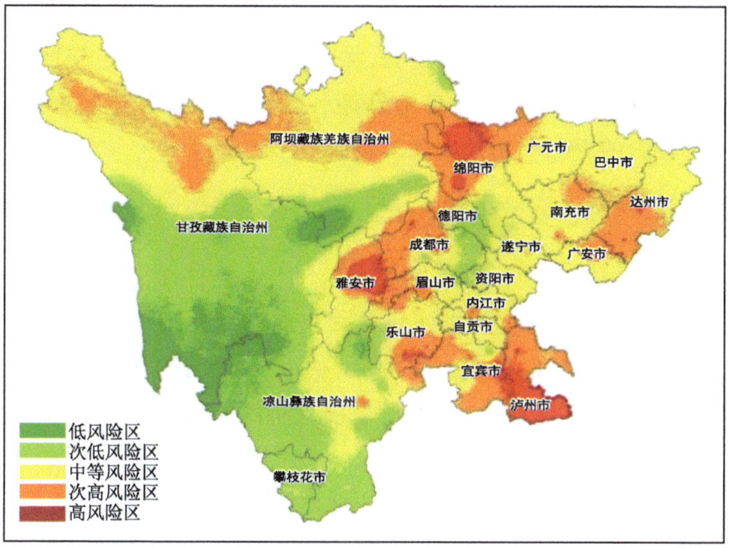

图 4　常年四川秋雨风险区划

二、四川秋雨的影响

(一)对农业的影响

四川秋雨高发时段在 9 月和 10 月，恰逢四川农区大春作物收晒、晚秋作物成熟收获以及新一轮小春作物播栽时期。一方面，利于增加秋季蓄水，为冬季农业生产提供适宜底墒，也为抵御春旱提供水分支持，保障来年大春生产顺利开局。另一方面，伴随的低温寡照乃至渍涝等灾害不利于已成熟大春作物及时收获和晚秋作物积极生长，还可能影响小春播栽质量及进度。常年四川秋雨多始于 8 月底至 9 月上旬，但有些年份可能提前至 8 月中下旬，给盆地农区秋收带来较大危害，且开始期越早危害越重。在持续阴雨天气影响下，省内平原和丘陵农区大春作物收获进度延后，在地作物难以及时收割晾晒，易受潮霉变，给全年粮食产量和品质带来损失。秋雨期光热条件差，中高山区成熟期较晚的大春作物无法正常灌浆成熟，籽粒灌浆不畅，籽粒重不足，病虫害加重。若开始期偏晚，则有利于减轻对大春收晒的影响，保障大春应收尽收。

四川秋雨偏强的年份，农区秋季多持续性强降雨天气，雨日多，累计雨量大，能有效增加水库、池塘等工程和冬水田蓄水，为保障秋冬乃至 2024 年春季农业用水创造条件。但持续强降水易引发暴雨洪涝灾害，河流水位上涨，冲毁农田、摧折庄稼，降低全年粮食产量。若叠加低温寡照影响，可能导致大春作物无法按时收获，出现发芽、霉烂；对秋种工作明显不利，造成晚秋作物烂耕烂种、缺苗、病变；造成两季田田间排水不畅，形成湿害、渍害；导致旱地整地困难，小春作物无法及时播种育苗；还极易诱发小春作物病虫害的发生发展。偏弱的年份，雨量不足，大春作物收晒顺利，但不利于蓄水保墒，导致农业生产用水储备不足，来年小春作物生长可能面临春旱危害，影响全年粮食产量。

（二）对能源保供的影响

四川秋雨将促使流域天然流量逐步回升，在确保秋汛洪峰安全过境的同时，流域水库群可抓住秋汛契机稳步进行汛末蓄水，合理统筹蓄水发电，持续提升流域水资源在生产、生活、生态、抗旱、供电等方面的综合利用效率和效益。

三、2023年四川秋雨预测及其可能影响

2023年四川秋雨始于8月21日，较常年偏早16天，预计强度较常年偏弱。主要影响区为盆地南部、盆地中部、盆地东北部、攀西地区和川西高原北部。秋季（9—11月）全省平均降水量190～210毫米，较常年同期（214.2毫米）偏少。阿坝州北部、甘孜州北部、凉山州、攀枝花、乐山、自贡、宜宾、泸州、内江、广安降水量较常年同期偏多10%～20%，其余地区较常年同期偏少10%～20%。

（一）对农业的影响

8月下旬以来，盆地大部农区雨日多、雨量大、气温偏低且少日照，盆中、盆南及盆西北部分农区浅耕层土壤湿度长时间处于过饱和状态。当前正值盆地农区大面积进入秋收时段，秋雨偏早可能对秋收、秋种和秋管农事活动带来一定影响。

水稻、夏玉米等大春作物成熟期延迟，收获进程受阻。偏早的秋雨天气可能阻碍盆中、盆东北、盆西等地区秋收顺利推进，导致在田大春作物收割难度加大，已收获作物难以充分晾晒，部分地区易出现受潮霉变。盆周山区和盆北等成熟期较晚地区，光热条件差，水稻和夏玉米等大春作物灌浆受阻，成熟期延迟。田间湿、渍害较重，影响秋种秋管农事活动。受秋雨影响，盆地部分农田排水不畅出现湿害、渍害，不利于豆类和红薯等晚秋作物正常发育。9月下旬盆地农区将进入移栽油菜播种期，若降水持续，旱地整地困难，不利于油菜及时播种育苗，还极易诱发油菜苗期病虫害。

利于蓄水，为后期用水提供保障。四川秋雨有利于增加土壤水分及各类工程和大田蓄水，为今冬明春农业生产用水奠定良好的水利条件。

（二）对能源保供的影响

预计2023年四川秋雨在雅砻江和金沙江流域较常年同期偏多，可抓住契机稳步开展汛末蓄水，进一步提高水电供应。持续提升流域水资源在生产、生活、生态、抗旱、供电等方面的综合效用。

厄尔尼诺事件对河北省气候影响分析及秋冬季气候趋势预测

于长文　车少静　李晓帆　韩世茹　杜浩昱　向亮
（河北省气候中心　2023 年 9 月 11 日）

摘要：厄尔尼诺事件是指赤道中东太平洋海表面大范围持续异常偏暖的现象，是气候系统年际变化中的最强信号，它的发生会引起大气环流出现明显改变，导致全球气候出现异常，对河北气候的影响也非常显著。厄尔尼诺发生年河北秋季容易降水偏少，发生不同程度的干旱，冬季出现“暖冬”概率增大，受厄尔尼诺影响的次年夏季出现高温干旱的风险高。

2023 年以来，赤道中东太平洋海温持续上升，据国内外气候模式最新预测，预计 2023 年秋季将形成一次中等以上强度厄尔尼诺事件。在全球气候变暖背景下，叠加中等以上强度厄尔尼诺事件，可能对极端天气气候事件起到放大效应，导致极端事件频次更多、强度更强。受其影响，我国 2023 年秋季降水呈“南多北少”分布，北方大部气温明显偏高；预计 2023 年秋冬季河北省降水总体偏少，冷空气活动偏弱，气温总体偏高但变化幅度大，可能会阶段性干旱。建议关注秋冬季干旱、冬季气温波动、森林火险和大气污染扩散不利气象条件等极端天气气候事件的影响。

一、厄尔尼诺事件及标准

（一）定义

地球上约 71%的海洋和 29%的陆地构成了人类和所有生物生存的自然环境。自然为人类的生存提供了丰富的资源，同时各种自然灾害的发生也给人类带来了灾难。海表温度是影响大气的主要因素，其变化将影响全球气候。

厄尔尼诺和拉尼娜是赤道中、东太平洋海温冷暖交替变化的异常表现。厄尔尼诺是西班牙语“圣婴”的意思，厄尔尼诺事件是指赤道中东太平洋海域平均海表温度（简称海温）异常偏高的气候事件；海温偏高值越大，持续时间越长，厄尔尼诺事件的强度就越大，对全球气候影响也就越大，导致极端天气气候事件多发重发。厄尔尼诺一般 2～7 年发生一次。

（二）监测指标

世界各国一般使用厄尔尼诺监测指数开展厄尔尼诺事件监测，但不同国家厄尔尼诺监测指标有所区别，目前中国、美国、澳大利亚等国均采用 NINO 3.4 区指数监测厄尔尼诺事件（图 1），而日本则采用 NINO 3 区指数监测。世界主要国家厄尔尼诺事件的定义见表 1。

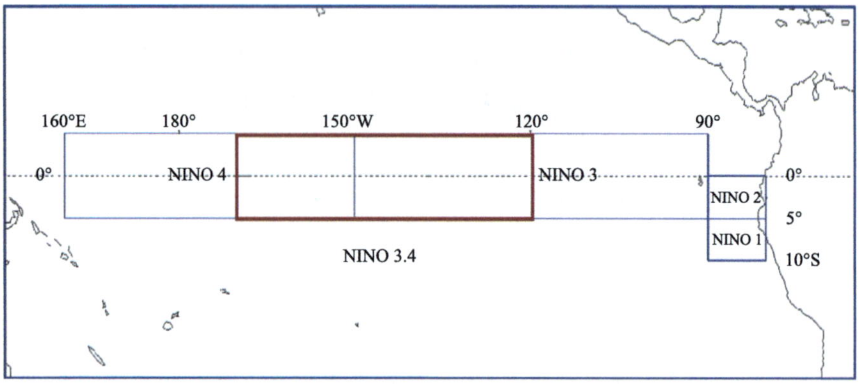

图 1　厄尔尼诺指数监测区分布

表 1　世界主要国家厄尔尼诺事件的定义

	厄尔尼诺事件监测指标
中国、美国	连续 5 个月的 NINO 3.4 区海温指数的 3 个月滑动平均值≥0.5 ℃
澳大利亚	NINO 3.4 区海温指数≥0.8 ℃且 SOI(南方涛动指数)≤−0.8 ℃
日本	连续 6 个月的 NINO 3 区海温指数的 5 个月滑动平均值≥0.5 ℃

(三)强度标准

对厄尔尼诺事件强度的划分，按厄尔尼诺事件期间 3 个月滑动平均 NINO 3.4 指数的最大值划分为超强、强、中等和弱四个等级，具体划分标准见表 2。

表 2　厄尔尼诺事件强度等级标准　　单位：℃

等级	弱	中等	强	超强
阈值	0.5～1.3	1.3～2.0	2.0～2.5	≥2.5

注：1.3 ℃、2.0 ℃和 2.5 ℃分别接近于 1.5 倍、2.5 倍和 3 倍 NINO 3.4 指数的标准差。

(四)类型划分

我国 2017 年发布的气象行业标准《厄尔尼诺/拉尼娜事件判别方法》中，根据 NINO 3 区和 NINO 4 区的海温差异状况，将厄尔尼诺事件划分为东部型和中部型两种类型。东部型指的是海温暖中心位置偏东的事件，中部型指海温暖中心位置偏西的事件。本次形成厄尔尼诺事件为典型的东部型厄尔尼诺事件。

二、厄尔尼诺事件发生情况及演变趋势

研究发现，东部型和中部型厄尔尼诺事件对气候的影响是有明显差异的。1951 年以来，赤道中东太平洋共发生 21 次厄尔尼诺事件(图 2)。其中，在 1951—1980 年期间发生的 9 次厄尔尼诺事件主要以弱到中等强度的东部型特征为主，强事件和中部型事件的占比分别为 1/9 和 2/9。1981 年以来，在全球气候变暖的背景下，厄尔尼诺事件的强度和类型均发生了明显变化，表现为超强型厄尔尼诺和中部型厄尔尼诺发生频率明显增加。在1981—2020年期间，一共发生了12次厄尔尼诺事件，其中6次东部型厄尔尼诺事件中的3次形成了超强型事件，分别出现在1982—1983年、1997—1998年和2014—2016年；中部型事件有6次，占总数的50%，以弱到中等强度为主。

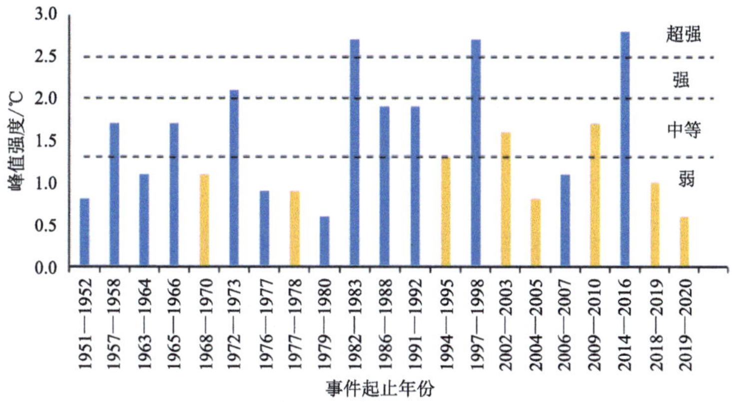

图2 1951年以来厄尔尼诺事件的峰值强度（蓝色代表东部型事件，橙色代表中部型事件）

2023年以来赤道中东太平洋海温持续上升（图3），2021年10月开始的拉尼娜事件于3月结束，6月NINO 3.4指数超过了0.5，7月以来关键区海温持续升温（图4）。据国内外气候模式最新预测，秋季将形成一次中等以上强度的东部型厄尔尼诺事件，冬季（2023年12月至2024年2月）厄尔尼诺达到峰值，明年春季结束。

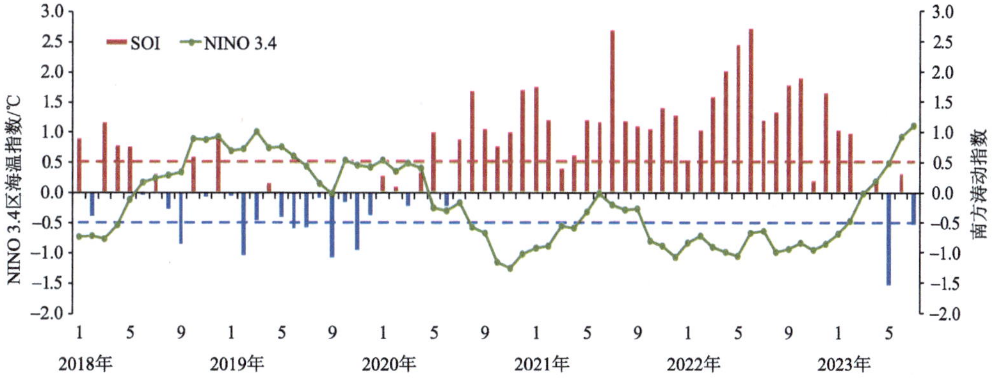

图3 Niño 3.4区海温指数和南方涛动指数SOI逐月演变

三、历史上厄尔尼诺事件对气候异常的主要影响

（一）厄尔尼诺事件对全球气候的影响

厄尔尼诺事件发生后，会通过海气相互作用影响全球天气和气候。厄尔尼诺事件会导致南美洲南部、美国南部、非洲之角和中亚部分地区异常多雨，洪涝灾害频繁，同时使得热带

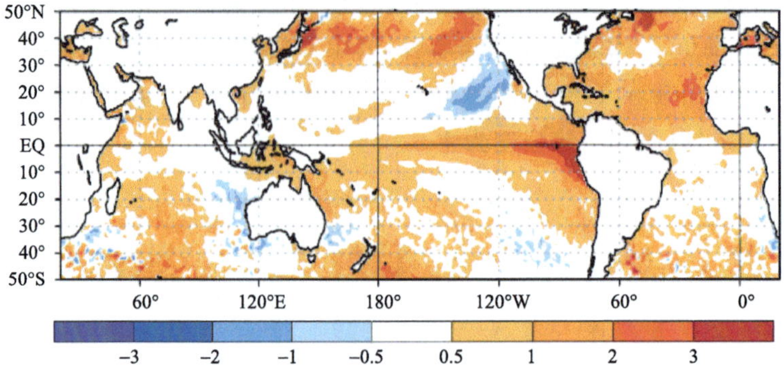

图4 2023年7月海温距平分布

（红色表示偏暖，蓝色表示偏冷，颜色越深表示偏暖或偏冷程度越强）

西太平洋降水减少，印度尼西亚、澳大利亚一带发生严重干旱。以1997—1998年超强厄尔尼诺事件为例，东非地区发生暴雨和洪涝；印尼、巴布亚新几内亚和澳大利亚北部的雨季则提前结束，并遭遇高温热浪与干旱，多地发生森林大火。

（二）厄尔尼诺事件对我国气候的影响

厄尔尼诺开始年的夏季，我国华北南部、华中北部、华东中部、西北地区东部等地气温易偏高。开始年的秋冬季，我国东部容易出现北少南多的降水分布型，即北方大部地区降水比常年同期偏少，南方大部地区降水比常年同期偏多，冬季易出现暖冬。次年夏季长江流域和江南地区易出现洪涝，夏季东北地区易出现低温。

（三）厄尔尼诺事件对河北省气候的影响

通过历史上东部型厄尔尼诺事件对河北省气候影响分析发现，厄尔尼诺事件开始年的秋季，河北省降水量偏少，容易发生气象干旱，1972年、1997年河北省发生了严重的夏秋连旱，2006年秋旱严重，2014年夏秋连旱；厄尔尼诺事件影响的冬季，容易出现暖冬，如1997年、2006年、2014年和2015年冬季均为暖冬，寒潮事件偏少；受东部型厄尔尼诺事件影响的次年夏季，1981年以来降水偏少出现的概率达83%，河北省容易发生高温干旱，1983年、2007年和2015年夏季均为干旱严重。但是同样受东部型厄尔尼诺事件影响的1973年、1977年和2016年的汛期河北省降水量较常年分别偏多60%、59%和35%，特别是2016年7月19—21日河北省出现极端特大暴雨过程，造成严重的暴雨洪涝灾害，这也表明了厄尔尼诺对气候影响的不确定性。

四、2023年秋季至2024年夏季气候趋势展望

预计此次厄尔尼诺事件将于2023年秋季形成并发展，主要会影响2023年秋、冬季及2024年春夏季的大气环流形势和气温、降水的变化趋势，河北省秋季降水将会偏少，冬季气温偏高，可能会出现暖冬，明年夏季温高雨少，出现高温干旱的风险高。

2023年秋冬季气候趋势预测：综合考虑厄尔尼诺事件影响和气候模式预测，预计2023

年秋季河北省降水整体接近常年(90.9 毫米)略偏少,气温较常年(12.4 ℃)偏高 0.5～1 ℃;可能出现阶段性少雨干旱;预计 2023/2024 年冬季河北省平均气温较常年(－2.4 ℃)偏高 1 ℃左右,有可能出现寒潮、大风等极端冷空气事件,降水量总体接近常年(10.7 毫米)。

2024 年春夏季气候趋势展望:预计受厄尔尼诺事件影响,2024 年可能春季气温偏高,降水偏多;夏季气温偏高,降水总体偏少的可能性大,发生气象高温干旱风险高,但不排除发生极端强降水事件的可能。

五、建议和措施

(1)建议抓住有利的天气气候条件加快推进受灾地区灾后恢复和重建工作。2023 年秋季河北省降水较常年同期偏少,出现秋汛的可能性小,天气气候条件总体有利于灾后重建,建议抓紧工期加快推进灾后恢复和重建工作。明年夏季河北省出现高温少雨的概率大,有利于水利设施的建设和维护,建议提前做好水库蓄水和迎峰度夏等能源保供预案,同时仍需做好防范盛夏极端强降水事件的准备。

(2)防范今冬森林草原火险等级偏高和大气环境污染不利气象条件影响。预计冬春季河北省冷空气活动总体偏弱,平均气温明显偏高,森林草原火险等级高,大气污染扩散气象条件不利。建议及时关注气象预报预警,提前做好森林草原防火和大气污染治理工作部署,做好冬季采暖能源调度。

(3)建议提前采取有效措施应对河北省可能出现的秋冬季气象干旱。预计随着厄尔尼诺的发展,河北省秋冬季降水总体偏少,气温偏高,气象干旱有可能会阶段性发展,建议相关部门注意水资源调配,关注汛后期有效降水,加大蓄水,提前检修灌溉设施,确保冬小麦适期适墒播种和安全越冬。

(4)关注厄尔尼诺事件对极端天气气候事件的放大效应。在气候变暖的背景下,厄尔尼诺事件将加剧气候异常,对极端天气气候事件起到放大效应,导致极端事件频次更多、强度更强。建议进一步加强气象监测、预报和预警能力建设,强化气象卫星、雷达、数值模式、地面观测等新资料和新技术应用,延长气象灾害预报时效,提高气象预报精准度和气象灾害预警有效性。

飓风"丹尼尔"重创利比亚对我国防灾减灾救灾的启示

张颖娴[1]　梅梅[1]　刘远[1]　陈逸骁[1]　段居琦[1]　王秋玲[1]　於琍[1]
韩振宇[1]　周兵[1]　姜允迪[1]　曾红玲[1]　李修仓[1]　田林[2]
(1. 国家气候中心；2. 国家卫星气象中心　2023年9月17日)

摘要：2023年9月10日，地中海飓风"丹尼尔"在北非利比亚登陆，引发严重暴雨洪涝灾害和人道主义灾难。造成此次巨灾事件的成因主要包括：海洋—大气交互作用利于飓风生成及影响加强、快速发展的厄尔尼诺推波助澜、自然及人为因素加剧极端事件危害及严重性等。

全球气候变化背景下，面对极端天气气候事件多发强发态势，建议我国持续加强对气候变化和极端事件的科学研究及气候风险早期预警系统建设，强化面向区域和行业的防灾减灾服务。加强大型水利基础设施应对台风、极端降水以及复合极端事件等巨灾风险能力。加强国际合作，强化提供应对气候变化公共服务产品的能力。

一、地中海飓风"丹尼尔"监测实况及灾害影响

2023年9月5日，地中海飓风"丹尼尔"在希腊西南近海形成，其后在地中海东部缓慢南移，长时间维持。9日，靠近利比亚北部沿海地区，10日在利比亚班加西登陆，东移并继续向非洲内陆深入，残余低压于12日逐渐消散。

飓风"丹尼尔"先后导致希腊、保加利亚、利比亚等国出现强降水，其中希腊扎戈拉24小时降水量超过750毫米，相当于当地18个月的降雨量，希腊中部色萨利多站24小时降雨量超过400毫米。10日，飓风"丹尼尔"在利比亚东北部强度达到峰值，强风时速达70～80千米，多地出现大暴雨和特大暴雨，降雨量达到150～240毫米，其中贝达日降雨量最高，达414.1毫米(9月10日08时至9月11日08时)，创下了当地降雨纪录。该国大部是热带沙漠气候，仅沿海有少部分地中海气候，夏季的降水量基本为零，即使是在冬季，也从未有过24小时100毫米以上的降水记录。

这场极端罕见的飓风暴雨给利比亚等国造成了巨大灾难。据不完全统计(截至9月15日)，飓风"丹尼尔"造成欧洲希腊、土耳其、保加利亚等国多人遇难，并在利比亚东部引发严重洪灾，多个城市发生山洪，洪水导致利比亚东北部城市德尔纳大面积停电，大部分街区均被洪水覆盖。在利比亚受灾最严重的东部沿海城市德尔纳，遇难者人数已经攀升至11300人，另有至少10000人失踪，至少30000人流离失所。

近年地中海地区飓风灾害虽时有发生，但造成影响远不及本次飓风“丹尼尔”惨重。2018 年 11 月 3—4 日，飓风导致意大利东北部至西南部西西里岛遭遇暴雨、洪水、泥石流灾害，造成至少 30 人死亡；2019 年 11 月 12—13 日，飓风造成意大利威尼斯及邻近岛屿发生极端强降水天气，至少 2 人死亡；2020 年 9 月中旬飓风“伊亚诺斯”造成希腊西部和中部地区 3 人死亡。

二、飓风“丹尼尔”重创利比亚的成因分析

此次地中海飓风活动造成利比亚巨灾事件是极其罕见的，主要原因可以概括为以下三个方面：

一是地中海偏暖海温和高低层大气环流异常利于飓风生成和影响加强。2023 年 5 月以来，地中海周边国家和地区高温热浪频繁，极端性增强，地中海海表温度达到 30 ℃以上。9 月初地中海大部海温仍较常年同期偏高，其中东部海温较常年同期偏高 0.5～1 ℃，南部海温超过 27 ℃，温暖的海洋为飓风“丹尼尔”提供充足的能量和水汽；同时地中海上空大部对流活跃，有利于低压环流增强。

二是快速发展的厄尔尼诺事件，通过大气环流影响整个赤道地区的气候异常，导致热带东部非洲对流活动增强。监测表明，近期厄尔尼诺仍在持续发展，热带太平洋大部分海表温度较常年同期偏高，东太平洋部分海区偏高 3℃以上。热带大气对厄尔尼诺快速响应，导致撒哈拉沙漠及周边地区对流活动增强。

三是自然和人为因素共同导致利比亚巨灾。全球变暖导致极端天气气候事件多发，撒哈拉和西非季风区域气候临界点存在突破风险，随着全球气温的升高，地中海海温增暖，大气中的水汽含量随温度的升高而上升，使飓风在登陆时能够保持更多的水分，更易导致极端降水的发生。利比亚地处非洲北部，国土面积 176 万平方千米，全境 95％以上地区为沙漠和半沙漠，自然环境条件相对恶劣，经济发展水平不高，受政治和战争的影响，国家基础设施不断恶化，大坝老化长年失修，灾害风险管理和救灾机制支离破碎，加剧了重大气象灾害挑战的严重性。此次事件充分展示了极端天气对脆弱国家的破坏性。

三、利比亚飓风巨灾启示及应对建议

(1)加强对气候变化和极端事件的科学研究及气候风险早期预警系统建设，强化面向区域和行业的防灾减灾服务。随着气候变暖加剧，全球范围高影响台(飓)风、高温热浪、暴雨洪涝、严重干旱等极端事件频繁发强发，各类事件极端性屡创历史纪录，无前兆突发性事件增多，需进一步加强极端天气气候事件演变规律以及复合、链式灾害致灾机理研究，提高灾害监测能力。面对极端事件，不同区域、不同行业、不同人群的风险暴露度不同、脆弱性有差异，针对“双碳”目标下我国经济社会转型过程中区域、行业的差异化需求，应持续发展集气候风险识别、评估、预警、应对为一体的气候风险早期预警平台和业务，发布重点行业气候风险预测与预估产品，大力提升国家“三区四带”等生态脆弱区、重大工程和低碳能源资源集中区的气候风险早期预警与应对能力，有针对性地提高公众特别是脆弱人群防灾减灾意识，降

低气候变化及极端事件对全社会带来的风险。

（2）加强大型水利基础设施应对台风、极端降水以及复合极端事件等巨灾风险能力。飓风“丹尼尔”飓风带来的强降水造成了德尔纳上游的两座大坝垮塌，导致利比亚发生洪涝巨灾和人道主义灾难。在气候变化背景下，需要充分认识我国面临的洪水超阈值概率也显著增加，研究显示大坝溃坝潜在风险升高，因此应加强大型水利基础设施应对台风、极端降水以及复合极端事件等巨灾风险能力，同时重视物理措施和保险等非物理措施的结合，避免特别是洪泛区内因人口财产持续增长引发的长期气候变化风险的锁定效应。

（3）加强国际合作，强化提供应对气候变化公共服务产品的能力。“一带一路”沿线发展中国家应对极端天气气候事件基础相对薄弱，适应气候变化能力偏低，因灾损失大。我国在灾害性天气预报预警和防灾减灾方面具有技术优势，建议通过建立和深化多边或双边机制加强国际合作，在提高极端天气气候事件预报预警、气候预测、灾害识别、风险评估、早期预警能力建设等方面为发展中国家提供必要的技术支持，提高其防御极端天气气候灾害和适应气候变化的能力，彰显我国提供应对气候变化公共服务产品的能力。积极推动适应气候变化南南合作，同时在WMO等国际框架下广泛开展技术交流，帮助其他发展中国家提高早期预警等适应气候变化能力。

厄尔尼诺事件将加大气象灾害风险，2024 年安徽省气候年景偏差

程智　罗连升　刘俊杰　徐敏　汪栩加
（安徽省气候中心　2023 年 12 月 21 日）

摘要：自 2023 年 5 月以来，赤道中东太平洋海温呈现快速增暖持续趋势，形成了一次中等强度的厄尔尼诺事件，将持续到明年春季。受此次厄尔尼诺事件影响，发生气象灾害风险加大，预计 2024 年安徽省气候年景偏差，冬季有明显的阶段性低温雨雪天气，春季低温连阴雨和倒春寒明显，夏季可能发生暴雨洪涝灾害。建议提前做好能源保供准备，防范阶段性低温雨雪天气对能源保供的不利影响；关注气温变化，加强田间管理，防范冬季冷暖波动、春季连阴雨和倒春寒对农业生产的不利影响。

一、厄尔尼诺事件对安徽省气候的影响研判

自 2023 年 5 月赤道中东太平洋进入厄尔尼诺状态以来，关键区海温指数呈现快速增暖持续趋势，形成了一次厄尔尼诺事件，强度为中等。预计此次厄尔尼诺事件将持续到明年春季。

（一）历史统计表明，厄尔尼诺事件将导致安徽省气象灾害风险加大

冬季低温雨雪冰冻。20 世纪 90 年代以来的 11 个厄尔尼诺年中，有 6 年冬季安徽省雨雪量异常偏多，这些年份的 1—2 月都出现了较为严重的雨雪冰冻灾害。在全球气候变暖的背景下，冬季平均气温以正常或偏高为主，但冷暖波动大，其中 9 年都出现了大范围的寒潮过程。

春季低温连阴雨和倒春寒。这 11 个厄尔尼诺年中，有 7 年春季降水异常偏多，有 6 年出现了长时间的低温连阴雨，有 7 年出现了春霜冻，有 4 年出现了罕见的春季寒潮。

夏季暴雨洪涝灾害。这 11 个厄尔尼诺年中，有 7 年夏季降水偏多，偏多概率 63%。2000 年以后的 8 个厄尔尼诺年中，有 6 年降水偏多，偏多概率上升为 75%，其中 2003 年、2005 年、2007 年、2016 年和 2020 年均发生了严重的洪涝灾害。

（二）受此次厄尔尼诺事件影响，预计 2024 年安徽省气候年景偏差

综合考虑厄尔尼诺影响和数值模式预测结果，预计 2024 年安徽省气候年景偏差，冬季有明显的阶段性低温雨雪天气，春季低温连阴雨和倒春寒明显，夏季可能发生暴雨洪涝灾害。具体预测意见如下：

2023/2024 年冬季（2023 年 12 月至 2024 年 2 月），全省雨雪量较常年偏多，其中沿江江

南偏多2成以上，有较为明显的阶段性低温雨雪天气。全省平均气温较常年偏高0.5～1 ℃，但季节内冷暖波动大，前冬偏暖、后冬偏冷。最低气温淮河以北和本省山区－10～－8 ℃，其他地区－8～－6 ℃。

2024年春季(3—5月)，全省降水量较常年偏多1～3成，部分地区有连阴雨。全省平均气温较常年略偏高，气温变化幅度较大，部分地区有倒春寒发生。最低气温淮河以北和本省山区－1～1 ℃，其他地区1～3 ℃。

2024年夏季(6—8月)，全省降水量较常年偏多，部分地区偏多2成以上，可能发生暴雨洪涝灾害。全省平均气温较常年略高，高温日数接近常年，最高气温37～39 ℃。

二、气象灾害防御建议

一是关注冬季低温雨雪天气对能源保供的不利影响。预计冬季有较为明显的低温雨雪天气，将增加安徽省采暖用电负荷，造成山区输电线路覆冰、舞动，寒潮覆冰还会影响风能发电效率。需关注不利气候条件对煤炭运输、电力输送和供应的不利影响。

二是关注冬季大雾天气和道路结冰对交通出行的不利影响。冬春季雾日数占全年的58%，易诱发道路交通安全事故。冬季雨雪量偏多，有较为明显的低温雨雪天气，淮河以北和山区道路结冰风险较高。建议关注气象预报预警，防范对交通出行的不利影响。

三是关注冬季冷暖波动对越冬作物的不利影响。冬季气温季节内变化明显，前冬暖、后冬冷的气候特点易导致小麦生育进程提前，植株旺长，作物遭受低温冻害风险加大。建议各地密切关注气温变化，加强防冻抗寒工作。

四是关注春季连阴雨和倒春寒对农业生产的不利影响。春季部分地区有连阴雨，会影响麦菜、蔬果正常生长，导致病虫草害发生。倒春寒天气不利于早稻播种育秧，以及越冬作物返青生长。建议加强田间管理，防范连阴雨和倒春寒的不利影响。

五是关注夏季可能出现的汛情。夏季全省降水量较常年偏多，区域性、阶段性暴雨洪涝明显，出现中小河流洪水、山洪地质灾害和城市内涝的风险加大，需要做好防范汛情的准备。

第三篇

生态环境保护

2022年度江苏省生态气象监测公报

田心如　康志明　潘晨　杭鑫　李驰钦　孙佳丽　陈圣劼
（江苏省气象局　2023年3月13日）

摘要：天气气候条件作为影响生态系统最活跃、最直接的因子，对生态环境具有重要影响。本报告对2022年度江苏省大气污染、酸雨、太湖蓝藻水华、风能及太阳能四个方面进行气象分析评估，结论如下。

（1）2022年细颗粒物污染状况较2021年有所好转。2022年全省平均霾日数21天，比2021年增加1.1天；$PM_{2.5}$平均质量浓度较2021年下降3%；O_3平均质量浓度较2021年上升7.7%。大气数值模式模拟结果显示，与2021年相比，2022年气象条件对$PM_{2.5}$浓度的影响总体持平，但会使O_3浓度升高11.6%，表明减排以及实施人工增雨等措施对细颗粒物和O_3污染防控起到了积极作用。但洪泽等部分地区霾日数明显增多；卫星遥感显示，二氧化硫（SO_2）、甲醛（HCHO）等大气成分柱浓度继续上升，CO_2含量略上升，仍需加强管控。

（2）2022年全省平均酸雨强度和频率持续下降。2008—2022年，全省平均酸雨发生频率呈持续下降、降水酸度呈持续减弱趋势。2022年全省平均酸雨发生频率降至9.0%，年平均降水pH升至6.1，但盐城中部、南通东南部及南京和常州的南部仍为酸雨高发区，需加以关注。

（3）2022年度太湖蓝藻水华状况为近5年最轻。尽管全年气象条件总体有利于太湖蓝藻水华发生，但2022年蓝藻水华累计面积（12158平方千米）、单时次平均面积（95平方千米）均为近5年最小，单时次最大面积（476平方千米）与2018年的最大面积（475平方千米）相当，累计次数（128次），为近5年次少，体现了治理成效。但由于气候持续偏暖，气温屡破历史纪录，太湖水质仍待改善，太湖治理和蓝藻水华防控需继续加强。

（4）2022年大部分地区风能资源比常年偏少，太阳能资源大部分地区偏多。全省陆地10米高度的年平均风速为2.1米/秒，较常年偏小12.5%。年平均风功率密度为17.7瓦/米^2，较常年偏少16.1%。全省年太阳总辐射平均为4828.8兆焦/米^2，与常年相比，全省3/4的站点偏多，平均偏多6.7%。风能和太阳能资源存在空间和时间差异，沿海风能资源比较丰富，可持续加强合理开发利用。太阳能资源时空分布不均，在开发利用时，需进行精细化评估。

一、全省大气污染状况及气象条件分析

细颗粒物污染状况较2021年有所好转。2022年江苏省各市（县）霾日数为3天（西连岛）～49天（兴化），主要以轻度霾为主（约占75.4%），大值区主要分布在江苏省西南部、江淮之间中部和淮北北部地区（图1a）。与2021年相比，除江苏省淮北西部和沿江西部局部地区、东北部沿海及苏南东部地区的霾日数减少外，其他大部分地区的霾日数均有所增多，其中洪泽、东台、兴化、金湖增多1倍以上（图1b）。全省平均霾日数21天，比2021年增加1.1天。

据生态环境及气象部门大气成分观测资料分析，2022年，全省13个地级市平均$PM_{2.5}$质量浓度为32微克/米^3，比2021年下降3%；臭氧平均质量浓度为126微克/米^3，比2021年上升7.7%。

作为《京都议定书》中规定控制的六种温室气体之首，CO_2对地球热量平衡有重要影响。据卫星遥感资料分析，2022年全省CO_2柱浓度呈南低北高分布（图2a），全省平均值为419 ppm[①]，相比2021年略有上升，为0.6%，其中东北部地区上升明显（图2b）。地球系统模式模拟结果显示，相比于21世纪初，2022年增加的CO_2导致全省气温出现较为明显的升高，最大增温达到了0.5 ℃左右。CO_2增加引起江苏省降水强度减小，导致干旱风险增加。此外，CO_2增加导致东部沿岸地区的10米风速有所减小。

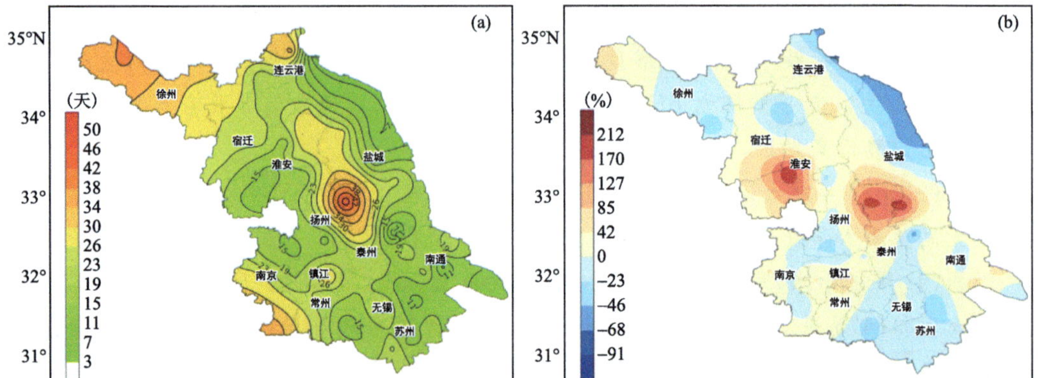

图1　2022年全省平均霾日数(a)及与2021年同期相比变化率(b)空间分布

卫星遥感显示，相比2021年，2022年全省二氧化氮（NO_2）柱浓度下降7.8%。二氧化硫（SO_2）柱浓度上升1.3%，甲醛（HCHO）柱浓度上升10.3%。

防控措施对细颗粒物和O_3污染改善起到了积极作用。综合气象条件模拟分析表明，相比2021年，2022年气象条件对$PM_{2.5}$浓度的影响总体持平，会促使O_3浓度升高11.6%，实际全省$PM_{2.5}$浓度下降约3%，O_3平均质量浓度上升7.7%，表明减排以及人工增雨等防控措施起到了积极作用。

① 1 ppm=10^{-6}，下同。

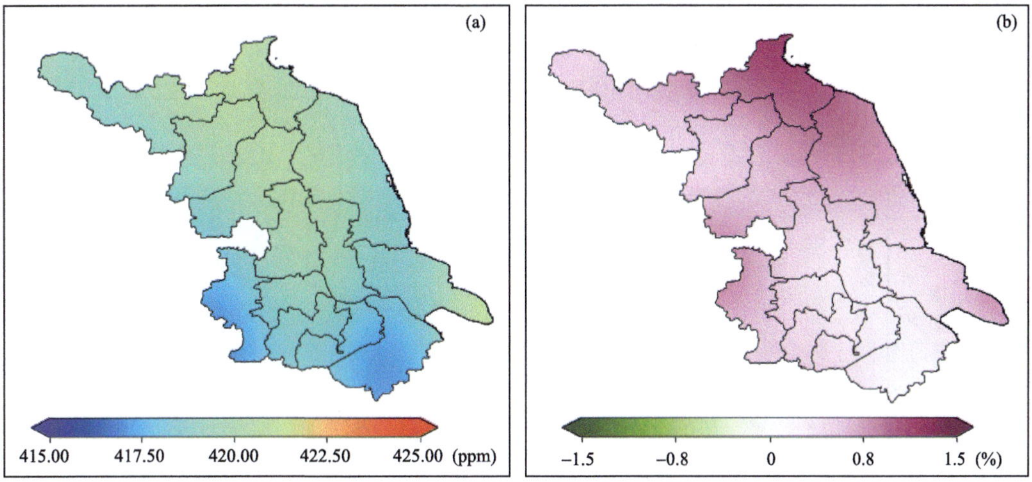

图 2　2022 年全省 CO_2 平均柱浓度(a)及与 2021 年相比变化率(b)空间分布

二、江苏省酸雨发生状况及特征分析

年降水酸度继续减弱。2022 年，江苏各站年降水 pH 在 5.23～6.97，苏南西南部及江淮之间东部的局部地区年降水 pH 小于 5.6，吕泗最低，为 5.23，其他地区年降水 pH 均大于(等于)5.6(图 3a)。出现酸雨的站数少于 2021 年，全省平均年降水 pH(6.1)高于 2021 年(5.9)和 2020 年(5.8)，酸雨情况继续转好。与常年相比，年降水 pH 南京偏高 0.495，常州偏高 0.535，淮安偏高 0.636，徐州偏高 0.768。

盐城中部、南通东南部及南京和常州的南部为酸雨高发区。以上地区 2022 年酸雨日数超过 10 天，盐城大丰区最多(35 天)；酸雨发生频率在 21.1%～52.2%(图 3b)。与常年相比，酸雨发生频率常州偏低 36.6%，南京偏低 29.6%，徐州偏低 21.1%，淮安偏低 19.9%。

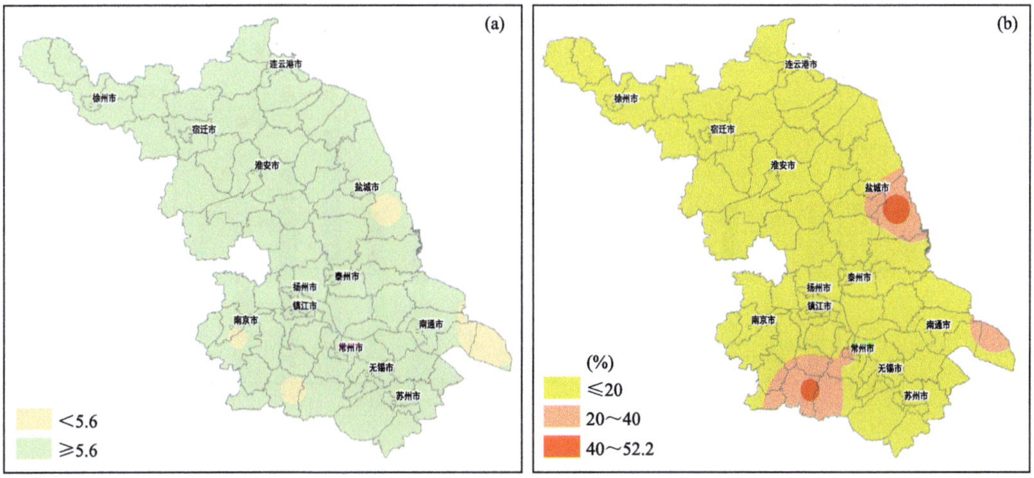

图 3　2022 年降水 pH 分布(a)及酸雨发生频率(b)

2008年以来，全省年平均酸雨发生频率持续下降、降水酸度持续减弱。2022年酸雨频率降至9.0%，为2009年同期频率的13%。年降水pH为2008年以来的第一高值(图4)。仅吕泗站出现了2天强酸雨，强酸雨出现的站数、日数均少于2020年和2021年。吕泗强酸雨出现频率为2.85%，较2021年明显偏少。

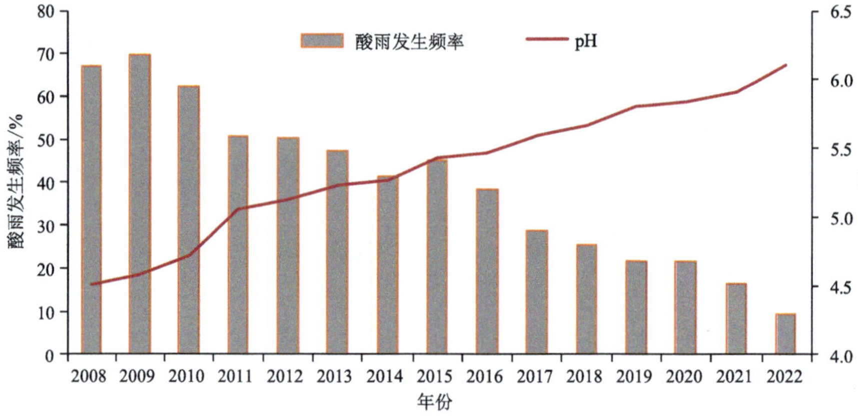

图4　2008—2022年全省平均酸雨出现频率和降水pH年际变化

三、太湖蓝藻水华发生状况及气象条件分析

2022年太湖蓝藻水华状况为近5年最轻。经与生态环境部门会商后综合研判，2022年卫星监测到太湖蓝藻水华累计面积为12158平方千米，单时次平均面积95平方千米，均为近5年最小，较2021年分别减小7.6%和10.5%；单时次最大面积476平方千米，与2018年的最大面积(475平方千米)相当(图5)。2022年卫星共监测到太湖蓝藻聚集128次，为近5年次少。根据太湖蓝藻水华气象评估模型计算，2022年太湖蓝藻水华影响强度指数为0.28，为近5年最小。

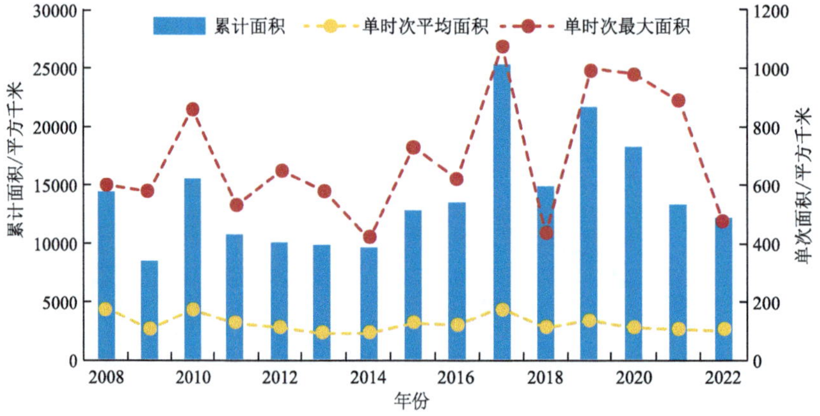

图5　2008—2022年太湖蓝藻水华累计面积和单时次面积变化

2022年气象条件有利于太湖蓝藻水华发生，气象条件适宜度指数为非常适宜等级。2022年太湖区域年平均气温17.9 ℃，仅次于2021年，为1961年以来第二高值；年平均降水量1059.5毫米，较常年偏少15%；年平均日照时数为1893.6小时，较常年偏多33%；年平均风速2.0米/秒，较常年偏小0.6米/秒，较2021年偏小0.1米/秒；气温高，降水少，光照足，风速小，综合气象条件有利于蓝藻的生长和聚集。根据太湖蓝藻水华气象评估模型计算，气象适宜度指数为0.46，为非常适宜等级(2021年适宜度指数0.43)。但冬季气温接近常年，暖冬不明显，蓝藻越冬的气象条件明显不如2021年，春季气象条件匹配程度不高，夏季持续极端高温，一定程度上抑制了大面积蓝藻水华形成；同时，由于政府防控力度加大，措施得当，蓝藻水华发生程度较2021年进一步减轻。

四、风能及太阳能资源分布状况

风能资源自沿海至内陆递减，大部分地区较常年偏少。连云港、盐城和南通的东部沿海地区年平均风速达3.0米/秒以上。全省陆地10米高度的年平均风速为2.1米/秒，较常年偏小12.5%。全省年平均风功率密度为17.7瓦/米^2，较常年偏少16.1%。3～25米/秒的有效风能时数在569～5957小时，大部分地区较常年偏少。2022年风能资源以3月最为丰富，8月最少。作为风电开发的主要地区，沿海的风能资源比较丰富，有效风能时数高且风能方向集中，有利于风电开发。

太阳能资源地区差异明显，全省大部分地区较常年偏多。全省年太阳总辐射在4336.3～5665.3兆焦/米^2，全省平均为4828.8兆焦/米^2，与常年相比，全省75.7%的站点太阳总辐射偏多，平均偏多6.7%；而24.3%的站点偏少，平均偏少3.7%。年日照时数在1655.0～2833.7小时，日照百分率在37%～64%，全省约71.4%的站点日照时数较常年偏多，平均偏多10.8%；约28.6%的站点年日照时数较常年偏少，平均偏少6.2%。全省太阳能资源表现为春夏季最多，秋季居中，冬季最少。

3月15日以来全国森林草原火险情况分析及4月下旬至5月森林草原火险趋势预测

冯蕾　杨晓丹　袁晓玉
（中国气象局公共气象服务中心　2023年4月21日）

摘要：2023年3月15日以来，全国大部分地区气温偏高，四川南部、云南、东北地区西部、内蒙古东部等地降水偏少，气象干旱明显，森林火险气象等级较常年同期偏高。预计4月下旬至5月，全国大部分地区气温偏高，四川南部、云南等地降水持续偏少。河北东北部、内蒙古东南部、辽宁西部、广西西北部、四川南部、云南中北部和东南部的部分地区森林火险气象等级高，四川西南部、云南中北部的局部地区森林火险气象等级极高。内蒙古东部呼伦贝尔地区草原火险气象等级高。

一、3月15日以来全国森林草原火险情况

2023年3月15日以来（3月15日至4月20日），我国大部分地区气温较常年同期偏高，中东部大部及西南地区气温偏高1～4 ℃，东北地区西部、内蒙古东部、四川西部和南部、云南等地降水较常年同期偏少50%～80%。累计监测到卫星热源点811次，较2022年同期（468次）增多73.3%，其中云南最多，监测到254次，是2022年同期（13次）的19.5倍。温高雨少导致东北地区西部、内蒙古东部、四川南部、云南等地气象干旱持续发展，森林火险气象等级偏高，特别是4月以来，四川南部、云南大部地区出现重旱到特旱，内蒙古东部等地出现中到重度气象干旱，森林草原火灾多发，四川南部、云南中北部森林火险气象等级达到极高级别。面对森林草原防灭火严峻形势，中国气象局加强与应急管理部、国家林业和草原局的会商研判，3月15日以来，针对内蒙古东部、辽宁、吉林、黑龙江、四川、云南等地联合发布高森林火险橙色预警2期，红色预警1期。

二、4月下旬至5月全国森林草原火险趋势预测

（一）4月下旬，四川西南部、云南中北部森林火险气象等级极高，内蒙古呼伦贝尔地区草原火险气象等级高

预计4月下旬，西南地区南部、华北北部、内蒙古东部、东北地区中西部、山东中东部、西藏东部、新疆西北部等地降水较少，森林火险气象等级较高。其中，河北东北部、内蒙古东南部、辽宁西部、广西西北部、四川南部、云南中北部和东南部的部分地区森林火险气象等级高，四川西南部、云南中北部的局部地区森林火险气象等级极高（图1）。

4月下旬，内蒙古东部近期多西北风，草原火险气象等级较高，其中，呼伦贝尔市新巴尔

虎右旗及满洲里地区草原火险气象等级高。

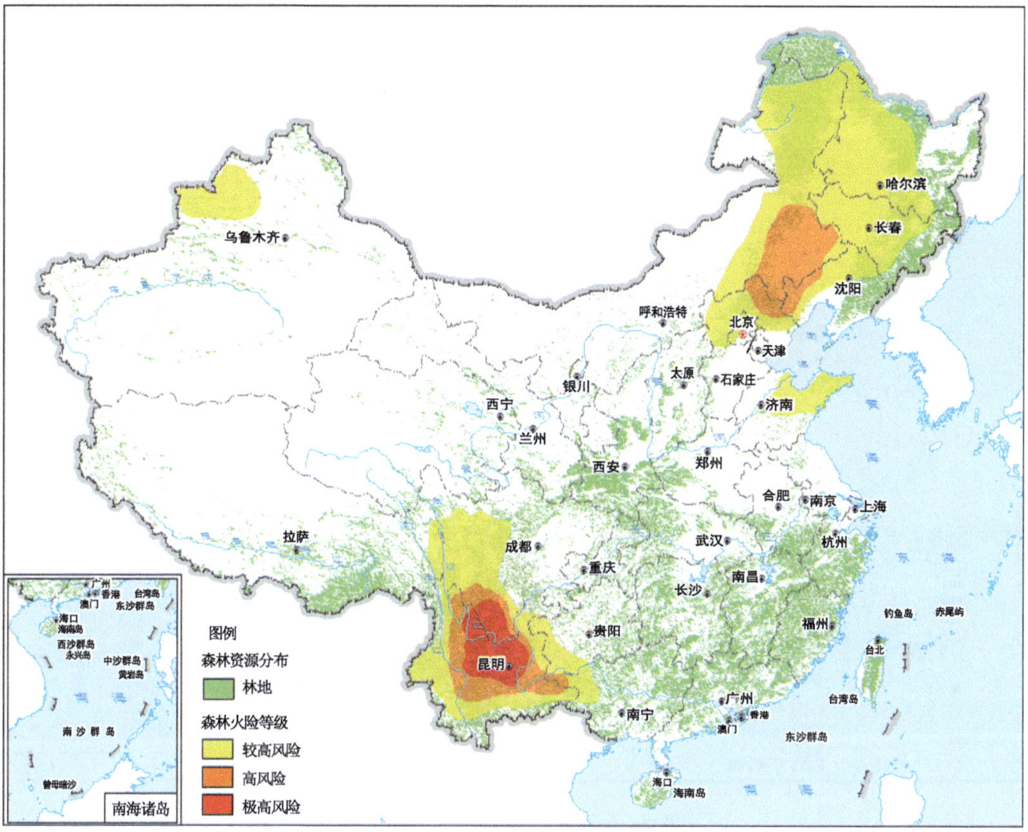

图 1　4 月下旬全国森林火险气象预报

（二）5 月，四川南部、云南、内蒙古东部等地仍将维持高森林火险气象等级，内蒙古东部草原火险气象等级较高

预计 5 月，全国大部地区气温较常年同期偏高，西南大部、新疆等地降水偏少。河北东北部、内蒙古东南部、广西西北部、四川南部、云南中北部和东南部的部分地区森林火险气象等级高，四川西南部、云南中北部的局部地区森林火险气象等级极高（图 2）。5 月中下旬，大兴安岭林区森林火险气象等级较高，需防范雷电可能引发的森林火灾。

5 月上旬，内蒙古东部的部分地区草原火险气象等级高，5 月中下旬，内蒙古东部的草原火险气象等级将有所降低。

三、关注与建议

（1）临近“五一”假期，出游踏青、农事活动增多，火源隐患大，建议加强防火宣传，做好野外用火管控工作。

（2）5 月开始强对流天气增多，雷暴天气频发，是雷击森林火灾的高发期，建议加强林区巡查，及时清理易燃可燃物隐患，防范雷电可能引发的森林火灾发生。

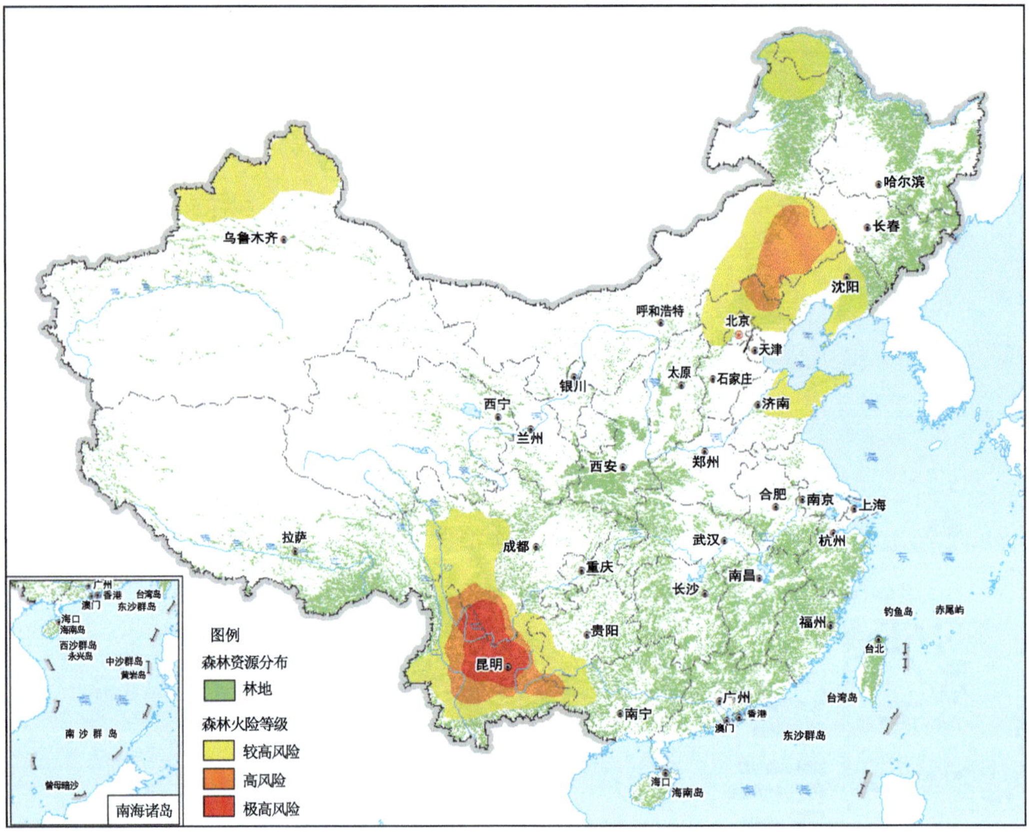

图2 5月全国森林火险气象预报

(3)气象部门将继续强化天气监测和预报预测,加强与应急管理、林业和草原等部门的会商研判,及时发布预报预警信息,全力做好气象保障服务。同时,密切关注高火险区域出现降水情况,适时调整火险预报等级。

中南半岛“烧芭”致我国云南等地空气质量下降，建议与缅老泰越加强科技合作，共护良好生态环境

赵慧霞[1] 刘超[1] 陈洁[2] 王维国[1]
（1. 国家气象中心；2. 国家卫星气象中心 2023 年 6 月 9 日）

摘要：“烧芭”是东南亚热带雨林地区一种传统广泛应用的农耕方式，农民通过火烧的方式把地表植被焚烧干净，得到空地用于耕作。每年进入春季后，缅甸、老挝、泰国、越南等国家“烧芭”活动增多，产生大量烟尘和有毒有害气体，随气流输送到我国云南、广西以及长三角等地，造成这些地区空气质量变差，特别是云南省与周边国家接壤的区域深受其害。2023 年泼水节期间，云南西双版纳州、普洱市、德宏州等地出现重度空气污染过程；利用我国自主研发的生物质燃烧模型对污染物来源和传输路径进行追踪溯源分析表明：中南半岛生物质燃烧对西双版纳州 $PM_{2.5}$ 的贡献率超过 90%，峰值时段贡献率在 95% 以上，是造成当地空气质量变差的主要原因。

2023 年是“一带一路”倡议提出十周年。建议以此为契机，积极与缅甸、老挝、泰国、越南等邻国开展双边和多边合作，在林火监测、大气监测、生态保护、空气质量预报、农业生产等多方面加强科技合作，共同推进“烧芭”跨境烟霾污染治理。

一、气象卫星监测到 2023 年春季中南半岛北部出现 2019 年以来同期最多火点次数

利用风云三号、葵花卫星等多源气象卫星资料，对中南半岛北部区域春季火点进行监测，统计分析数据显示，2023 年 1—5 月，中南半岛北部与云南省接壤的区域出现大量火点，尤其是与西双版纳州接壤的周边国家火点分布更为密集；该区域共监测到火点次数达 13.8 万，为 2019 年以来同期最多（图 1），较过去 4 年（2019—2022 年）同期平均（8.8 万次）偏多超过 5 成，比雨水较多的 2022 年同期（5.5 万次）偏多 1.5 倍。

每年的 3—4 月为中南半岛北部“烧芭”最集中时段。对 2019—2023 年 1—5 月逐月的中南半岛北部火点监测数据进行分析显示：每年的 3—4 月监测到的火点次数最多，占 1—5 月总火点次数的 8 成或以上，是“烧芭”最集中时段。2023 年 3 月、4 月的火点次数相比 2022 年同期均明显增加，分别增多 2.3 倍和 1 倍。

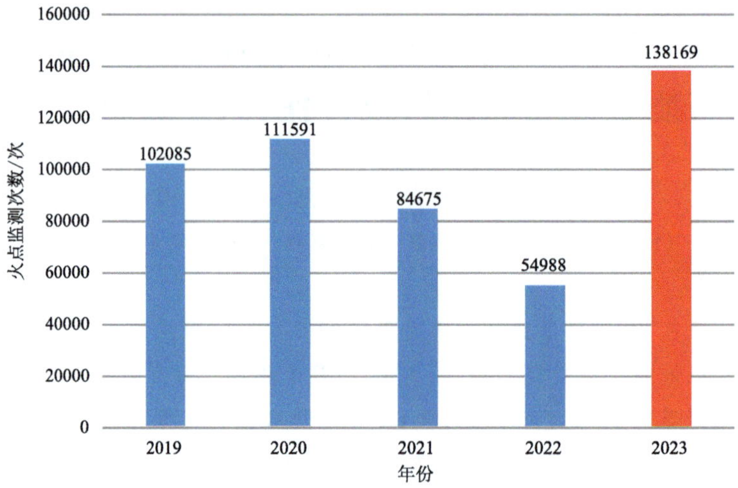

图 1　2019—2023 年 1—5 月区域火点监测次数变化

二、2023 年“泼水节”期间云南南部多地出现空气重污染过程，中南半岛生物质燃烧对西双版纳州 $PM_{2.5}$ 的贡献率超过 90%

2023 年 1—5 月，云南省空气质量为近 5 年“第二差”，$PM_{2.5}$ 平均浓度为 31 微克/米^3，仅好于 2021 年同期水平；其中 4 月 $PM_{2.5}$ 平均浓度 39.2 微克/米^3，是去年 4 月的 1.4 倍，为近 5 年空气污染最重的 4 月。$PM_{2.5}$ 污染区主要集中在云南中南部，其中西双版纳州、普洱市、临沧市、德宏州等地 4 月均出现了持续 6～10 天的 $PM_{2.5}$ 污染天气过程。

“泼水节”期间（4 月 13—15 日），西双版纳州、普洱市、德宏州等地均出现空气重度污染，西双版纳州景洪市江南站 $PM_{2.5}$ 浓度长时间维持在中度及以上污染水平（图 2），$PM_{2.5}$ 小时峰值浓度达 189 微克/米^3，重度污染持续时间达到 9 小时。此外，普洱市和德宏州等地的部分站点也出现重度污染情况，峰值浓度分别为 158 微克/米^3 和 154 微克/米^3。

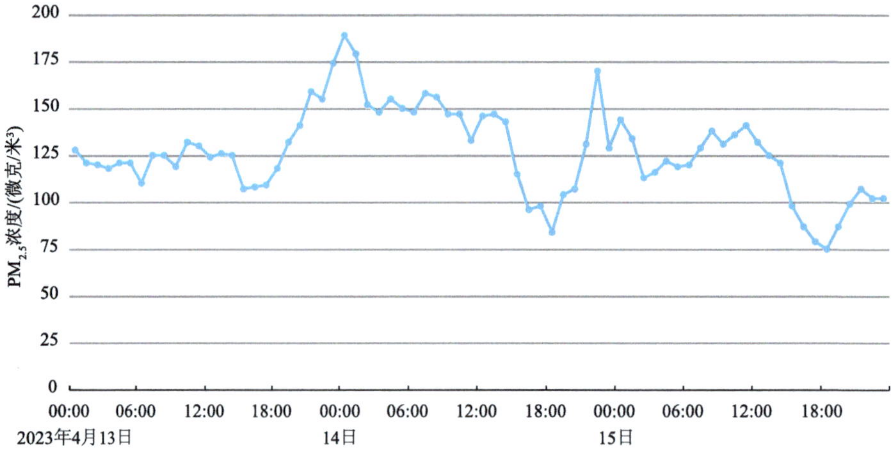

图 2　2023 年“泼水节”期间景洪市江南站 $PM_{2.5}$ 小时浓度变化

对气象条件分析可知，2003 年“泼水节”期间，云南南部中低空以偏西风为主，有利于缅甸等地因“烧芭”产生的大量大气污染物向我国西南地区传输。利用我国自主研发的生物质燃烧模型对污染物来源和传输路径进行追踪溯源分析表明：“泼水节”期间，中南半岛生物质燃烧（主要是缅甸）对西双版纳州 $PM_{2.5}$ 的贡献率超过 90%，峰值时段贡献率可达 95%以上，是造成当地空气质量变差的主要原因。

三、历史上一次“烧芭”引起的云南严重空气污染事件

2019 年 3 月 15 日至 4 月 5 日，云南南部空气污染日数显著增多，空气质量出现阶段性恶化。期间 3 月 24 日至 4 月 2 日，云南南部出现两次持续性空气污染过程，影响面积达 20 万平方千米，其中西双版纳州污染程度最重，$PM_{2.5}$ 峰值浓度达 178 微克/米^3，重污染持续时间长达 20 小时，为历史同期罕见。

卫星监测显示，期间泰国北部和缅甸东部存在密集的火点。利用生物质燃烧模型模拟分析表明，在两次污染过程中（3 月 25—27 日、3 月 31 日至 4 月 2 日），西双版纳中低空均受偏南气流影响，来自于南边泰国春季“烧芭”生物质燃烧产生的烟尘等污染物向我国输送明显，传输贡献占比最高超过 70%，是造成云南南部大气污染激增的主要原因；缅甸也有少许输送贡献。

四、关注与建议

“烧芭”是东南亚热带雨林地区一种古老的垦荒方式，由于焚烧林地操作简单、成本低廉，这种破坏性的耕作方式仍被广泛使用，东南亚地区也因此成为全球生物质燃烧排放的主要源地之一。同时，“烧芭”产生大量烟尘和多种有毒有害气体随气流远距离输送，影响下游区域的空气质量，包括我国西南、华南、长三角等地，尤其是生态良好的云南省深受其害。

2023 年是“一带一路”倡议提出十周年。10 年来，中国和东盟国家积极推进共建“一带一路”倡议，已取得丰硕成果。建议以此为契机，继续推动“一带一路”高质量发展，积极与缅甸、老挝、泰国、越南等邻国开展双边和多边合作，在林火监测、大气监测、生态保护、空气质量预报、农业生产等多方面加强科技合作，共同推进“烧芭”跨境联合烟霾治理；久久为功，共同维护生态良好、山清水秀、空气清新的美丽家园，提高人民的福祉安康和幸福指数。

泰山区域生态气候条件趋好，适应气候变化作用凸显

胡先锋　王晗　李峰
（山东省气候中心　2023年9月6日）

摘要：泰山区域是山东省的重要森林生态系统，在改善空气质量、涵养水源、保护生物多样性、应对气候变化等方面发挥着重要作用。气象观测及卫星遥感监测表明，2003年以来，泰山区域进入气温持续升高、降水偏多的阶段，生态气候条件趋好，森林植被生态质量提升了39.8%，固碳释氧能力提升43.2%。山东省实施的泰山区域山水林田湖草生态保护修复工程等一系列发展举措叠加有利的气象条件，共同促进了森林植被生态质量明显改善。建议充分利用气候资源，持续推进适应气候变化能力建设，发挥泰山区域森林碳汇的作用。

一、近20年泰山区域进入温高多雨期，生态气候条件趋好

（一）气温呈升高趋势，升温速率为0.27 ℃/10年

1961年以来，泰山区域年平均气温呈升高趋势，平均每10年升高0.27 ℃。2000年以来，年平均气温呈现阶段性先下降后上升的趋势，至2011年降至阶段低点13.5 ℃。近10年(2013—2022年)平均气温达14.7 ℃，升温幅度达0.7 ℃，为有气象记录以来升温幅度最大的10年(图1)。

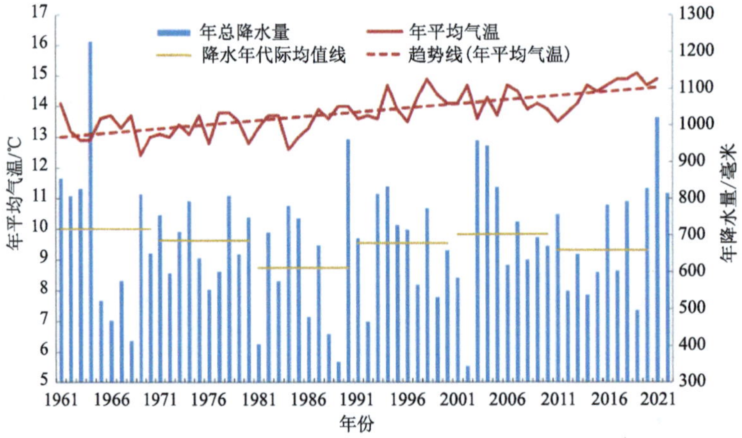

图1　1961—2022年泰山区域年平均气温和年降水量变化

(二)2003年以来进入多雨阶段

1961年以来，泰山区域年降水量呈“多—少—多”的阶段性变化特征。20世纪60—70年代为多雨期，80—90年代为少雨期，2002年达到历史最少，2003年以后再次进入多雨阶段，尤其是近3年降水量明显偏多，较常年偏多3成以上。

二、有利的气候条件叠加系列生态资源保护发展举措，泰山区域森林植被生态质量向好发展

根据卫星遥感监测，2000年以来，泰山区域99.2%的森林植被生态质量指数呈上升趋势，年均增速为0.62(图2)，2003年之后泰山区域进入多雨阶段，温暖湿润的气候条件促进森林植被生态质量向好发展，植被生态质量指数提升了39.8%。尤其是自2013年起，植被生态质量指数呈现为快速上升趋势，除2019年受降水量明显偏少的影响，出现短暂回落外，泰山区域森林植被生态质量指数近3年连创新高，2022年达到有监测数据以来的最高值(图3)。植被生态质量的提升除了受益于有利的气象条件以外，近年来，山东省委、省政府通过实施山水林田湖草沙生态保护和修复工程等一系列生态资源保护发展举措，对维持植被生态质量的上升趋势起到了重要支撑作用。

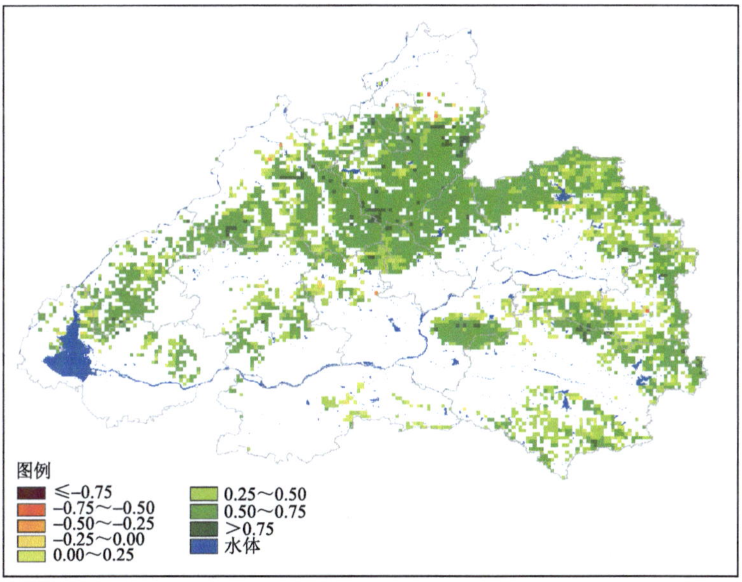

图2　2000—2022年泰山区域森林植被生态质量指数变化趋势率分布

三、泰山区域森林植被固碳释氧能力明显提升

森林生态系统作为一种重要的碳汇，对于实现“碳达峰、碳中和”具有重要意义。遥感反演结果显示(图4至图6)，2000年以来，随着植被生态质量指数的提升和气象条件的变化，泰山区域森林植被固碳释氧量平均每10年增加104.3克/米²。自2003年至今的降雨偏多

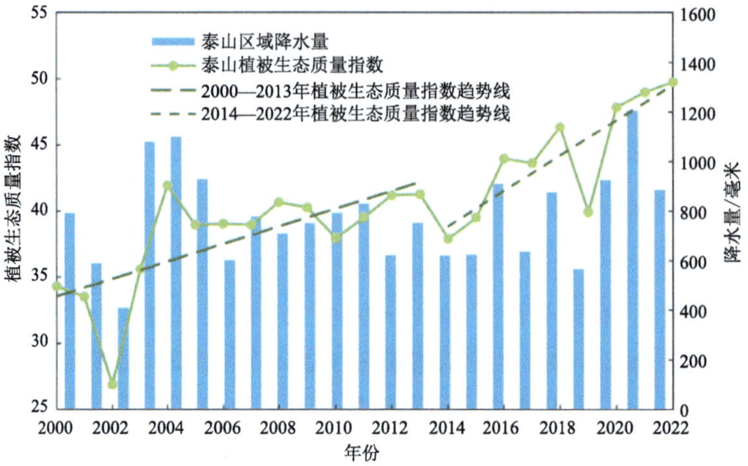

图 3　2000—2022 年泰山区域森林植被生态质量指数及年降水量年际变化

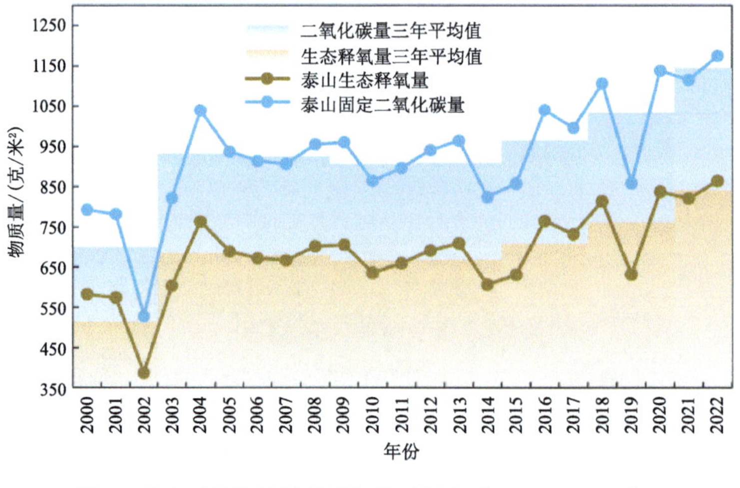

图 4　泰山区域植被固碳释氧量时间序列(2000—2022 年)

阶段，森林植被固碳释氧量提升了 43.2%。2022 年，森林植被固碳释氧量达到历史最高值，平均固定二氧化碳量为 1174.3 克/米²，共固定二氧化碳 582.2 万吨，平均释放氧气量为 864.5 克/米²，共释放氧气 438.6 万吨。

四、对策建议

(一)加强生态气象监测，提升森林火点监测和火险预报能力

科学规划生态气候监测站网，加强多源卫星数据、雷达和自动站数据资料的收集，建立高频率、更全面的生态监测长时间序列数据集。加强森林防灭火气象服务，提升林火遥感监测的时空分辨率和森林火险气象预报水平。针对防火关键期，积极开展人工增雨作业，降低森林火灾风险。

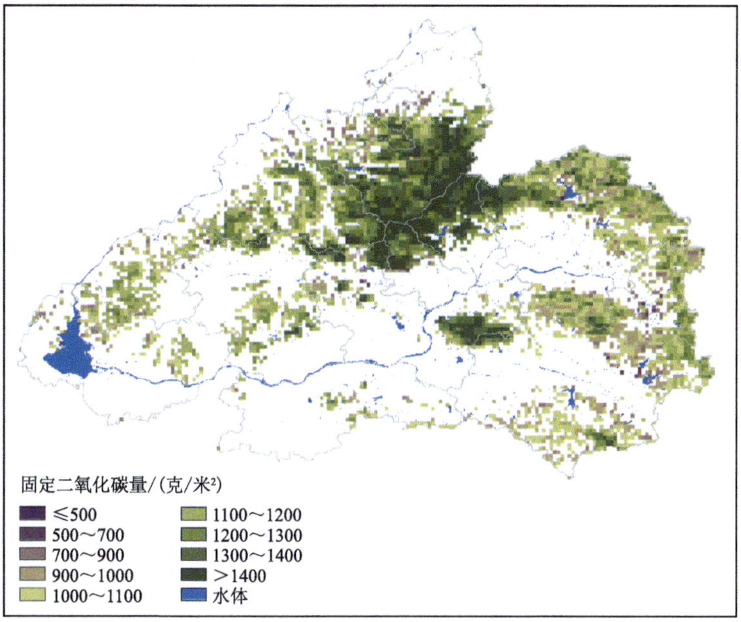

图5 2022年植被固定二氧化碳量空间分布

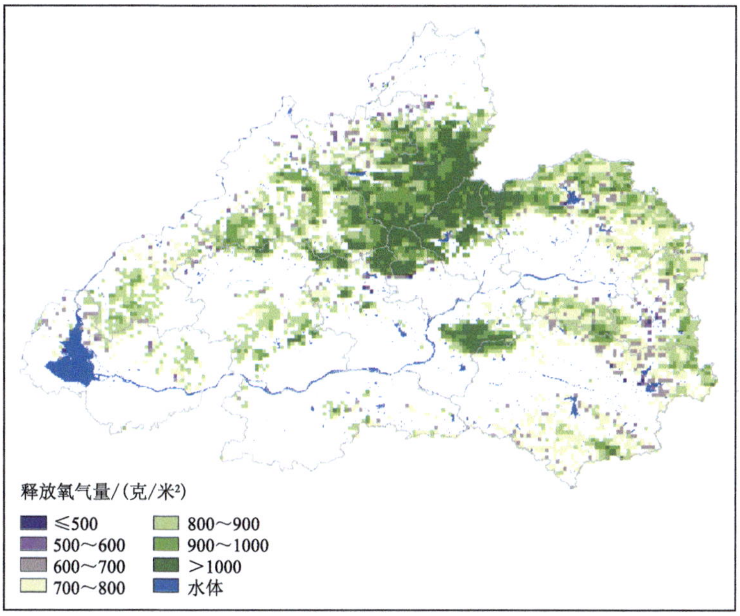

图6 2022年植被释放氧气量空间分布

(二)充分利用目前有利的气候条件,不断提升泰山区域在应对气候变化中的作用

充分利用现阶段充足的热量和水分资源等有利条件,合理调整与配置造林树种和林种,

优化林分结构，不断提升森林生态系统质量，提高森林在碳汇、水源涵养、固碳释氧等方面的生态效益，增强森林应对气候变化的能力。

（三）提升生态效益的转化能力，发掘气候生态产品价值

充分挖掘气候资源价值，开展“绿水青山”转化为“金山银山”的探索，实现生态价值转化。积极推进“中国天然氧吧”、避暑旅游目的地、中国气候宜居城市、气候好产品等国家气候标志品牌的创建，提升气象助力乡村振兴能力，助力绿色转型发展。

西藏那曲市色林错水位上涨，气象条件专题分析报告及措施建议

益西卓玛　曾林　顿玉多吉　扎西欧珠　次旺顿珠　李林
德吉央宗　边巴次仁　张伟华　牛晓俊　次旺　次丹卓玛　杨丹
（西藏自治区气候中心　2023 年 10 月 20 日）

摘要：2023 年 9 月 20 日，色林错水位上涨，致使连接色林错和班戈错的时令河径流增加，冲毁了位于色林错和班戈错中间的省道 208 和过水涵洞，将通往双湖县的道路切断。色林错湖水外溢后，西藏自治区气象局主动作为，第一时间利用卫星遥感影像图量化分析湖泊面积量和外溢位置信息，并组织专家前往现场勘察，为抢险救援工作提供了科学支撑。气温偏高、降水偏多的叠加效应导致上游冰冻圈加速消融，湖泊入水量短期内急速增多，是造成色林错湖水漫溢的主要气象成因；预计进入冬季后，色林错周围山体积雪和汇入色林错的河流水面结冰，色林错水位逐步回退，继续外溢的可能性较小。

一、基本情况与现状

色林错是西藏第一大湖泊，面积超过 2400 平方千米，湖面海拔约 4550 米。班戈错位于色林错东侧，湖面海拔约 4530 米。9 月 20 日色林错水位上涨，致使连接色林错和班戈错的时令河径流增加，冲毁了位于色林错和班戈错中间的省道 208 和过水涵洞，将通往双湖县的道路切断。

2023 年 10 月 4 日以来，色林错及周边区域累计降水量为 4.8 毫米，较近 3 年偏少 1.6 毫米，最大降水量出现在 10 月 4 日为 3.1 毫米。平均气温为 4.6 ℃，较近 3 年偏低 1.0 ℃。

卫星遥感监测显示：2023 年 10 月 9 日，色林错湖水外溢至班戈错的河流较外溢前明显变宽，色林错水域面积变化不明显。班戈错湖泊面积在持续扩张，水域面积达到 134.14 平方千米，较 9 月 2 日增加 17.77 平方千米。

二、气象成因分析及冰川湖泊变化

2023 年 9 月 1—20 日，色林错累计降水量为近 3 年同期最多，达到 82.1 毫米，较 2021 年、2022 年偏多 3 成以上。平均气温为近 3 年最高，为 7.2 ℃。气温偏高、降水偏多的叠加效应导致上游冰冻圈加速消融，湖泊入水量短期内急速增多，是造成色林错湖水外溢的主要气象成因。

(一)色林错流域4站近3年汛期(5—9月)气候分析

(1)气温

色林错流域4站近3年汛期平均气温为7.8 ℃,各站平均气温在6.8～8.3 ℃,最低值出现在佳琼为6.8 ℃,最高值出现在马跃为8.3 ℃。较近3年平均值(7.8 ℃),佳琼偏低1.0 ℃,色林错偏高0.2 ℃、强玛偏高0.3 ℃、马跃偏高0.5 ℃;与历年相比2023年佳琼偏低1.3 ℃,2022年马跃偏高1.2 ℃,最显著(图1)。

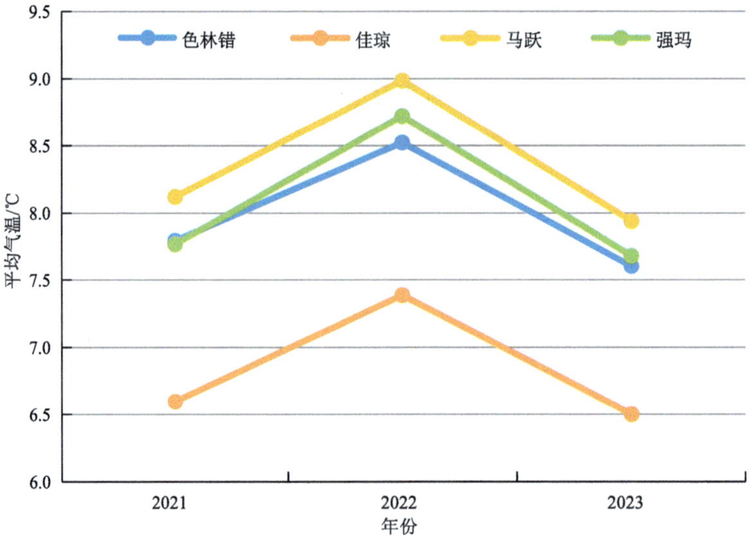

图1 2021—2023年色林错流域4站平均气温

(2)降水

色林错流域4站近3年汛期降水量为368.9毫米,各站降水量在332.2～452.7毫米,最低值出现在马跃为332.2毫米,最高值出现在佳琼为452.7毫米。较近3年平均值(368.9毫米),马跃偏少36.7毫米,强玛偏多11.0毫米、色林错偏多54.2毫米、佳琼偏多83.8毫米;与历年相比,2022年强玛偏少136.4毫米,2021年佳琼偏多155.3毫米,最显著(图2)。

(二)冰川变化

利用多源卫星遥感数据对色林错流域内冰川进行监测,结果显示:2000年色林错流域冰川面积为272.45平方千米,2023年色林错流域冰川面积为230.18平方千米,2000年以来流域内冰川面积减小了42.27平方千米,减少16.2%,冰川呈明显退缩趋势(图3)。

重点分析了申扎杰岗日冰川,分析表明:1976年申扎杰岗日冰川面积为118.06平方千米,2023年冰川面积为65.24平方千米,平均面积为70.51平方千米。2023年较1976年面积减小52.82平方千米,变化率为−44.74%。申扎杰岗日冰川总体呈现退缩趋势。从空间变化分析来看,申扎杰岗日冰川山脉西坡方向及其南部零碎冰川有明显的退缩现象(图4)。

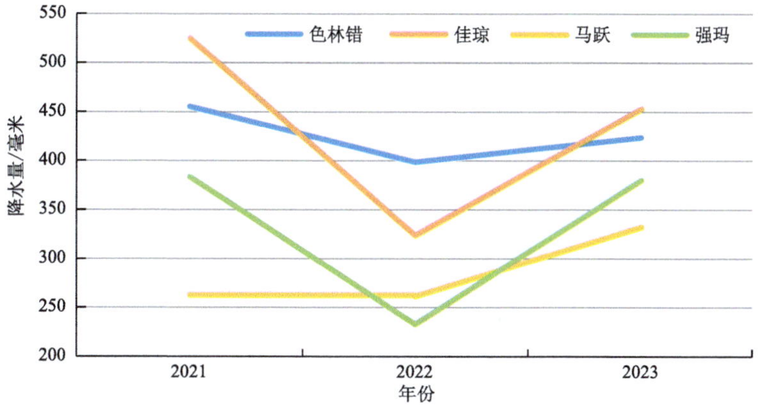

图 2　2021—2023 年色林错流域 4 站降水量

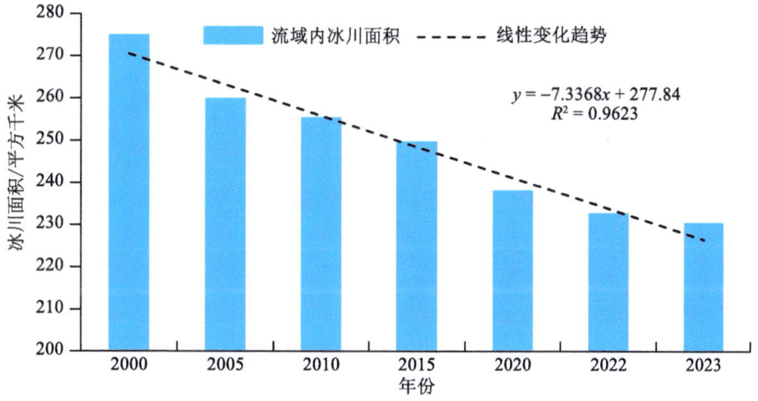

图 3　2000—2023 年色林错流域内冰川面积变化

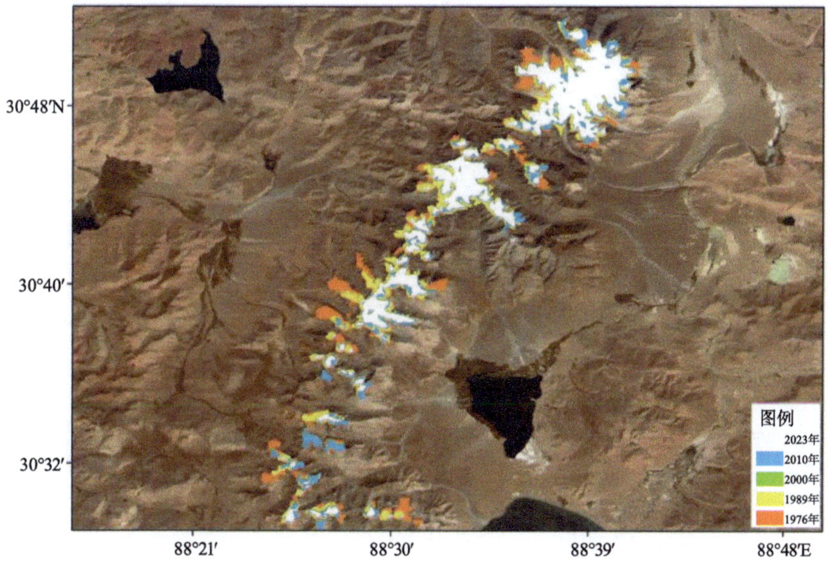

图 4　1976—2023 年申扎杰岗日冰川空间变化

(三)湖泊变化

利用9月2日、10月9日、11月27日(空间分辨率16米)高分1号遥感数据对色林错和班戈错进行监测(图5)表明,班戈错面积呈明显增大趋势,面积增加20.74平方千米。从空间变化来看,10月9日较9月2日班戈错变化较明显的区域主要在东部和东南部,北部和西部的两处半岛由于湖泊扩张变为岛屿(图5b)。10月9日较9月2日公路路基垮塌处河流明显变宽(图6)。

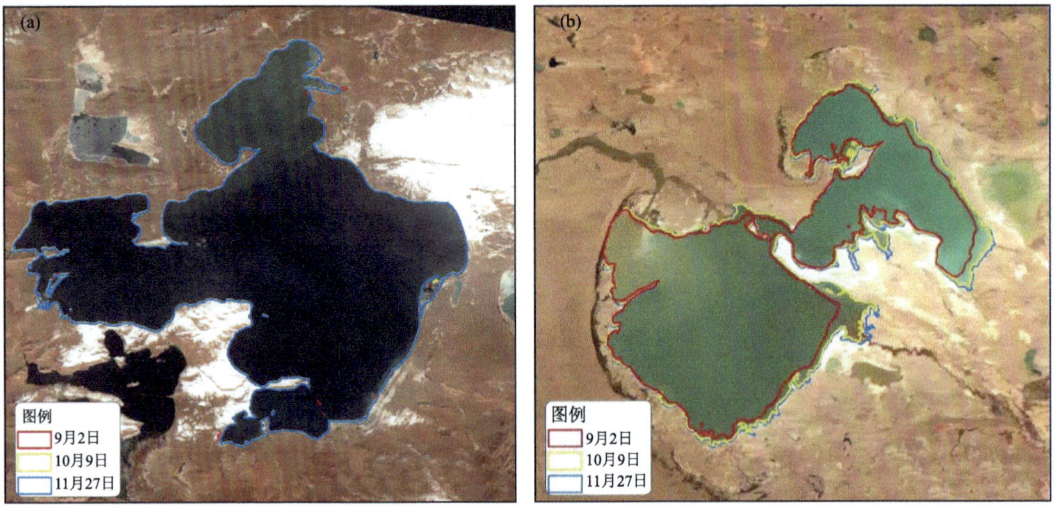

图5　色林错(a)和班戈错(b)湖面空间变化

图6　公路路基垮塌处河流变化

三、气象服务开展情况

（一）工作部署情况

2023 年 9 月 21 日上午，西藏自治区气象局接到色林错湖泊外溢水险通知后，区局主要局领导第一时间亲自安排部署，按照区级提供综合科技支撑，市级提供专题气象预报服务，县级开展现场勘察和对接服务需求的原则，科学有序组织区市县三级气象部门开展专题气象服务保障。21 日上午组织召开区、市两级开展专题天气气候会商，组织班戈县局人员立即前往现场进行勘察并细化服务需求，于当日 16 日上报《色林错湖水水位上涨气象条件专题分析报告》，获得那曲市委常委加多同志批示，22 日综合气象条件和卫星遥感影像资料，定量分析湖泊面积变化并做出后期趋势预测形成《色林错水位上涨气象条件专题分析报告及措施建议》决策材料，得到国务院副总理刘国中、中国气象局党组书记、局长陈振林和自治区副主席次仁平措批示。

（二）服务开展情况

截至目前，区市县三级气象部门共提供各类专题气象服务报告 25 篇。其中前期以湖水外溢气象条件分析、湖泊面积变化遥感影像监测分析为主，23 日以后以为抢险救灾提供专题气象预报服务为主。其中《色林错、班戈错监测评估报告》作为现场抢险救灾重要参考依据，获得现场指挥部高度肯定。自治区气候中心、班戈县气象局先后组织 10 人次前往现场，辅助抢险救援工作。

（三）部门联动情况

22 日那曲市成立色林错抢险救灾临时指挥部，成立水文气象组，开展现场办公，同时班戈县启动水旱灾Ⅳ级应急响应，市县两级参与多部门会商研判 4 次，自治区气象局参与区自然灾害防御指挥部会商 1 次。那曲市气象局加强同应急局和消防支部的主动互动联动，23 日起逐日提供《色林错专题预报》，为抢险救灾提供科学依据。

四、下一步工作及建议

加强重点湖泊流域综合立体观测站网建设，提高湖水外溢灾害气象风险实时监测和预报预警能力。加强水文、地质、气象等多学科交叉应用研究，探索湖泊面积和外溢监测设备集成创新，在重点湖泊上下游、左右岸建立“天地空”立体协同观测体系，实现对湖泊面积的实时监测。常态化开展湖泊面积监测业务，探索开展湖水外溢风险预警业务多部门联合会商与发布机制。加强灾害风险普查与成果应用，对重大工程和重要设施建立必要的气候可行性论证和气象灾害风险管理制度。加强青藏高原湖泊扩张及湖水外溢灾害形成机理研究，开展湖泊溃决洪水灾害风险评估。

强化部门协同联动，推进流域灾害监测预警客观化模型建立。加强高风险地区溃决风险模型研究，建立基于降水、温度等因子的冰川融水径流预测模型、面雨量预测模型和湖泊水位上涨预测模型。强化与水利、应急等部门的协同联动，推进湖水外溢溃决风险评估模型体系建设，强化湖水外溢灾害风险防范应对能力。

第四篇

农业气象决策服务

内蒙古自治区大豆可种植区边界北扩西移，可种植面积明显增大

唐红艳　牛冬　钱连红　曲学斌
（内蒙古自治区气象局　2023年2月8日）

摘要：气候资源禀赋决定作物种植布局。1961年以来，大兴安岭东南麓地区年平均气温呈升高趋势、无霜期呈延长趋势，≥10 ℃活动积温呈增加趋势。受气候变暖和国家政策影响，内蒙古自治区大豆种植带北扩西移，建议各地区应根据气候资源变化优化大豆布局，进一步实现大豆稳产增收。

一、大兴安岭东南麓大豆主产区气候热量资源明显增加

热量资源主要体现在年平均气温、≥10 ℃活动积温和无霜期日数。以1990年为界，分析前后30年的变化发现，大兴安岭东南麓地区热量资源明显增加。年平均气温呈升高趋势，平均升高0.319 ℃/10年，以春季和冬季升温趋势最显著，≥10 ℃活动积温（农作物的活跃生长气温）每10年增加61.9 ℃・日，≥10 ℃持续日数延长5天。无霜期延长10天，春季霜冻提前6天，秋季霜冻推迟4天。

二、大豆可种植区种植边界北扩西移 可种植面积增大明显

大豆可种植区边界北扩西移趋势明显。1991—2019年与1961—1990年相比，大豆早、中、晚熟种植区北界向北移动101～153千米，西界向西移动3～13千米。早熟种植区北界已经由鄂伦春旗诺敏镇东部-乌鲁布铁镇东南部一线北扩西移至诺敏镇中西部-阿里河镇中南部一线；中熟种植区北界已经由扎兰屯市蘑菇气镇东南部-阿荣旗霍尔奇镇南部一线北扩西移至扎兰屯市萨马街中部-鄂伦春旗宜里镇中部一线；晚熟种植区北界已经由兴安盟扎赉特旗东部北扩至扎兰屯市东南部。

大豆可种植区面积明显扩大。1991—2019年与1961—1990年相比，大豆可种植区国土面积增大22599平方千米。从品种来看，晚熟种植区国土面积增大最多为14951平方千米，早熟次之，为6807平方千米，中熟最少，为841平方千米。从地区分布来看，呼伦贝尔市可种植区国土面积增大最多，为23318平方千米，兴安盟增大1286平方千米，通辽市增大79平方千米，赤峰市减小2084平方千米。呼伦贝尔市早、中、晚熟可种植区面积均呈增大趋势，其中以早熟区面积增大最多，兴安盟、通辽和赤峰市以晚熟种植区面积增大较多，早、中熟种植区面积反而呈减小趋势（图1）。

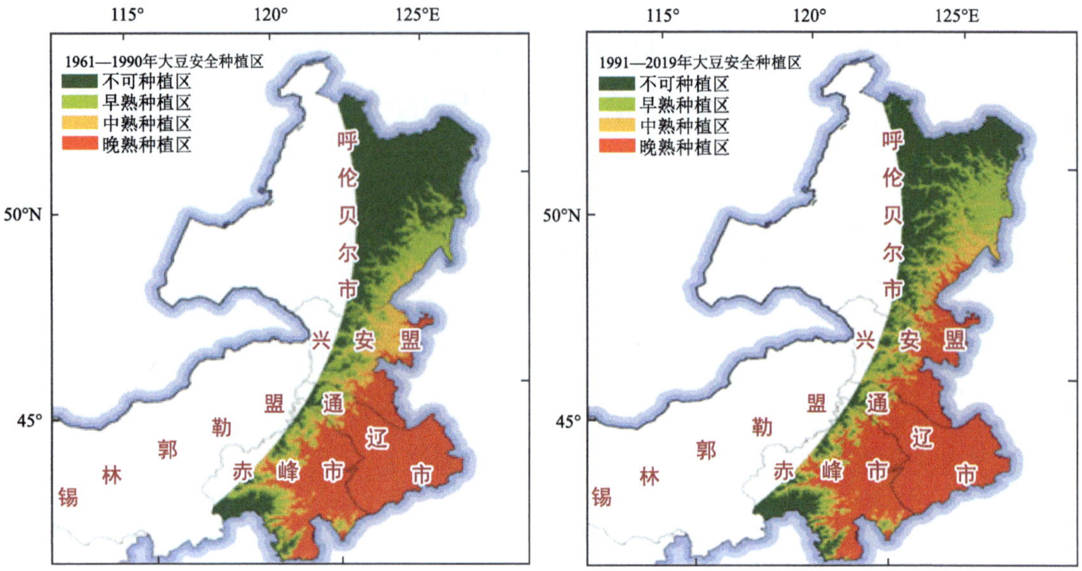

图1　大豆可种植区面积年代变化特征

三、关注与建议

《第三次气候变化国家评估报告》中指出，未来中国区域气温将继续上升。我们要利用气候变暖的有利“天时”，充分发挥大兴安岭东南麓地区黑土地肥沃高产的“地利”，围绕国家鼓励大豆种植，各地积极行动，农民主动配合种植的“人和”，进一步扩大大豆种植面积，保障国家粮食安全。

一是优化大豆种植布局。充分利用气候变暖增加的热量资源，扩大种植面积，增加大豆产量，提高经济效益，增加农民收入。

二是各种植区应科学选择适宜本区气候条件的大豆品种。适应气候变暖，在大豆不同熟区北缘地带，避免盲目选择生长期长的品种，降低大豆产量气候风险，适当扩大高产晚熟大豆种植面积和比例，实现稳产增收。

三是合理调整播期。适时早播能够不同程度提高大豆单产，增加农民收入。

气候变化对枸杞生长发育的影响及对策建议

徐 蕊 杨建玲 刘静 尚艳 闫伟兄 苏占胜
（宁夏回族自治区气象局 2023年6月19日）

摘要：为深入贯彻落实党的二十大精神，贯彻习近平总书记来宁视察讲话精神和对气象工作指示批示精神，落实自治区第十三次党代会决策部署，促进自治区“六特”产业发展，充分利用宁夏回族自治区农业气候资源禀赋，保障枸杞产业提质增效，助力枸杞产业高质量发展，宁夏回族自治区气象局深入分析了气候变化对枸杞生长发育的影响及主要气象灾害发生趋势。结果表明，宁夏枸杞全生育期间平均气温呈显著升高趋势，热量资源显著增加，近10年较20世纪60年代，年平均气温升高了1.5 ℃，≥10 ℃有效积温增加了273 ℃·日/年。气候变化导致枸杞生育期普遍提早10～14天，且秋果采摘期延长。春季发育期提早使枸杞霜冻风险增大；夏季高温日数显著增加导致高温热害风险加大，近10年高温热害日数较20世纪60年代增加了近10天/年；冰雹灾害风险呈降低趋势。建议充分利用宁夏回族自治区农业气候资源优势，同时全方位做好农业气象灾害防范应对；加强枸杞适宜种植精细化气候区划研究，开展新一轮枸杞农业气候区划工作；加强部门合作，发挥各自优势，凝聚枸杞产业高质量发展合力。

宁夏独特的气候条件造就了枸杞的高端品质和道地中药材优势，目前已形成“一核两带”的发展格局。党的二十大报告指出，高质量发展是全面建设社会主义现代化国家的首要任务，自治区第十三次党代会把枸杞产业定为“六特”产业之一，提出深入实施特色农业提质计划，把“枸杞之乡”品牌擦得更靓。随着全球变暖，宁夏枸杞产区气候及气象灾害规律也发生了明显变化。为此，宁夏回族自治区气象局组织技术人员，针对枸杞生长发育、产量和品质形成对气象条件的要求，评估了气候变化对枸杞生长发育的影响，分析了春季霜冻、夏季高温、秋季阴雨寡照和冰雹灾害的发生趋势及其对枸杞产业的可能影响，提出了对策建议。

一、宁夏枸杞产区气候变化趋势

选取宁夏枸杞主产区10个国家气象站资料，其中两季产区7个站（惠农、平罗、银川、中卫、中宁、同心、盐池），一季产区3个站（兴仁、海原和固原），研究了1961年以来枸杞生育期间的气温、降水、日照时数等气候要素的长期演变趋势，以及霜冻、高温、阴雨寡照、冰雹等灾害性天气对枸杞生长发育的影响。

（一）枸杞生育期间（4—10月）气温显著升高，夏季高温日数显著增加

1961年以来，宁夏枸杞产区生育期间的平均气温呈显著升高趋势，增温速率为0.33

℃/10年；近10年较20世纪60年代平均升高了1.5 ℃(图1a)。最高气温和最低气温也同步增温，增速分别为0.27 ℃/10年和0.44 ℃/10年。平均气温和最高气温的升高趋势在20世纪90年代末发生了明显突变，突变后较之前平均升高了1.24 ℃和1.01 ℃。由于最高、最低气温的增温趋势差异导致气温年较差也发生了变化，近10年的气温年较差较20世纪60年代平均减小了0.82 ℃。

随着气温升高，夏果期高温日数也呈显著增多趋势。主要受高温影响的是两季枸杞产区，≥33 ℃的高温日数从20世纪60年代的6.9天/年增加到近10年的19.1天/年，平均增加了12.2天。中宁核心产区受高温影响最大，≥33 ℃的高温日数从20世纪60年代的7.4天/年增加到近10年的29.7天/年，平均增加了22.3天；≥35 ℃的高温日数从1.3天/年增加到10天/年(图1b)。

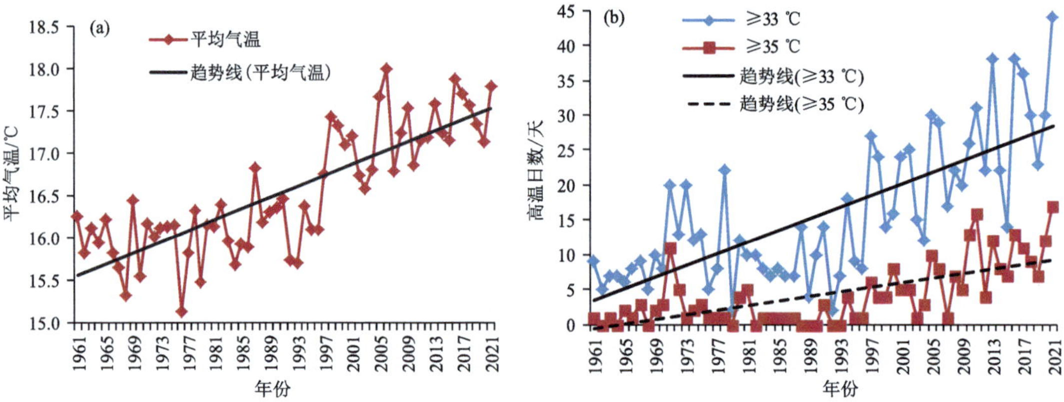

图1 枸杞全生育期平均气温(a)和中宁高温日数(b)逐年变化

(二)枸杞生育期间热量资源显著增加

宁夏枸杞产区全生育期热量资源呈显著增多趋势，≥10 ℃有效积温增加速率为58.7 ℃·日/10年；近10年较20世纪60年代增加了273 ℃·日/年。

两季产区内夏季高温导致枸杞进入休眠期，此阶段热量资源过高反而不利于枸杞生长发育。去除夏眠阶段，夏果期(4月1日至7月25日)和秋果期(8月11日至10月31日)≥10 ℃有效积温增加速率分别为40.8 ℃·日/10年和17.7 ℃·日/10年；近10年较20世纪60年代增加了184.8 ℃·日/年和85.4 ℃·日/年。夏果期热量资源显著增多导致枸杞叶变色期提早，高温热害风险增大；秋果期热量资源增加延长了秋果生长时间，增加了采摘批次，有利于秋果增产(图2a)。

一季产区枸杞全生育期≥10 ℃有效积温增加速率为48.1 ℃·日/10年；近10年较20世纪60年代增加了204.6 ℃·日/年，增多了近19%。一季产区热量资源的增加弥补了热量资源的先天不足，有利于扩大适宜种植区域，延长果实生长时间，增加采摘批次和产量(图2b)。

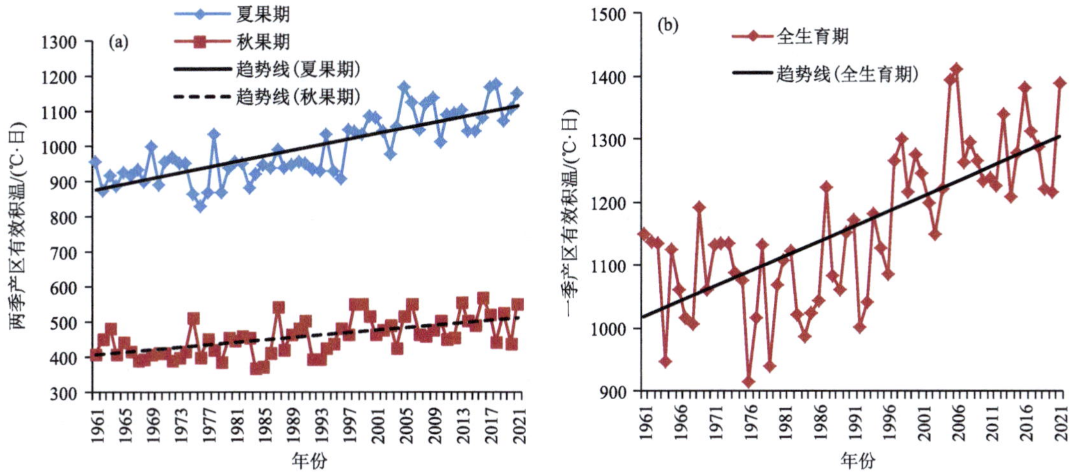

图 2　两季产区夏、秋果期(a)和一季产区全生育期(b)≥10 ℃有效积温逐年变化

(三)枸杞夏果采摘期(6—7 月)降水呈波动变化,趋势不明显

6—7 月是枸杞夏果成熟采摘阶段,降水过多会引起枸杞出现裂果、烂果,引发枸杞炭疽病等喜湿性病害,造成黑果,影响枸杞品质和采收产量。宁夏回族自治区夏果采摘期平均降水量为 86.4 毫米,>5 毫米降水日数为 5 天左右。降水量和降水日数的年际变率较大,降水偏多的年份降水量可达 150 毫米以上,降水日数达 8 天以上,对夏果生产严重不利;而偏少的年份雨量低至 30 毫米以下,降水日数小于 2 天,利于优质枸杞生产。从年代际变化趋势看,20 世纪 90 年代降水量最高,达到 104.76 毫米/年,较其他年代偏高 22.13 毫米/年。

(四)枸杞生育期间日照时数呈减少趋势,秋果期减少显著

日照减少会导致枸杞枝条弱细,花蕾数偏少,影响产量。宁夏枸杞产区生育期间日照时数总体呈减少趋势,减少速率为 9.3 小时/10 年,其中夏果期无明显变化,秋果期减少速率为 9.6 小时/10 年。近年来,秋果期日照时数减少趋势加剧,近 30 年平均减少 31.6 小时/10 年,近 10 年平均减少 15 小时/年。

二、气候变化对枸杞发育期的影响

(一)芽开放期至老眼枝果实成熟期提早 10~14 天

20 世纪 60 年代宁夏枸杞芽开放至新梢生长期普遍在 5 月上中旬,近 10 年提早至 4 月下旬至 5 月上旬,提前了 13 天左右;老眼枝开花期至果实成熟期由 6 月初至 7 月上旬提早至 5 月中旬至 6 月下旬,提早了 11 天左右。枸杞芽、叶、花生长期的提早使其遭遇春季霜冻的风险增加,老眼枝现蕾至果实成熟期延长了 2~3 天,对果实生长发育、增产提质有利。

(二)夏果现蕾期至秋果成熟期提早 11~13 天,秋果生长期延长

夏果现蕾至成熟期由 20 世纪 60 年代的 6 月中旬至 7 月下旬提早至近 10 年的 5 月末至 7 月上旬,叶变色期由 8 月末提早至 8 月中旬,均提早了 11 天左右。20 世纪 60—70 年代,

有 9 年秋季热量条件较差，秋果难以成熟，能成熟的普遍在 10 月上中旬；近 30 年秋果均能成熟，成熟期在 9 月下旬至 10 月中旬，平均提早了 13 天。秋果成熟期提早，初霜冻推迟，秋季热量条件增加，延长了秋果生长时间，对增加秋枸杞产量，提升品质十分有利。

三、气候变化对枸杞主要气象灾害的影响

（一）枸杞春季霜冻灾害风险有增加趋势

春季霜冻频发时段正值枸杞嫩芽和头茬花果生长发育的关键阶段，容易遭受霜冻危害。1961 年以来，宁夏枸杞产区共发生霜冻 140 站次，平均每年 2.3 站次。对枸杞有严重危害的霜冻（重度）发生了 6 站次，均在近 10 年，其中同心 3 次、中卫 2 次、盐池 1 次。中度霜冻共发生 29 站次，主要分布在兴仁和中卫，占全产区 48.3%（图 3a）；从年代际变化趋势看，中度霜冻呈增加趋势，2010 年以来发生频次最高，平均每年发生 1.08 站次，较其他年代多 0.76 站次/年（图 3b）。轻度霜冻共发生 105 站次，主要集中在兴仁和盐池，占全产区 45%；从年代际变化趋势看，轻霜冻呈减少趋势，1990 年以来较之前平均减少 0.66 站次/年。

整体来看，宁夏产区枸杞春季霜冻危害风险有增加趋势，2010 年以来的重度霜冻和中度霜冻发生次数明显增多；空间分布上，兴仁、中卫、盐池产区霜冻风险最大，对枸杞春季生长发育有不利影响。

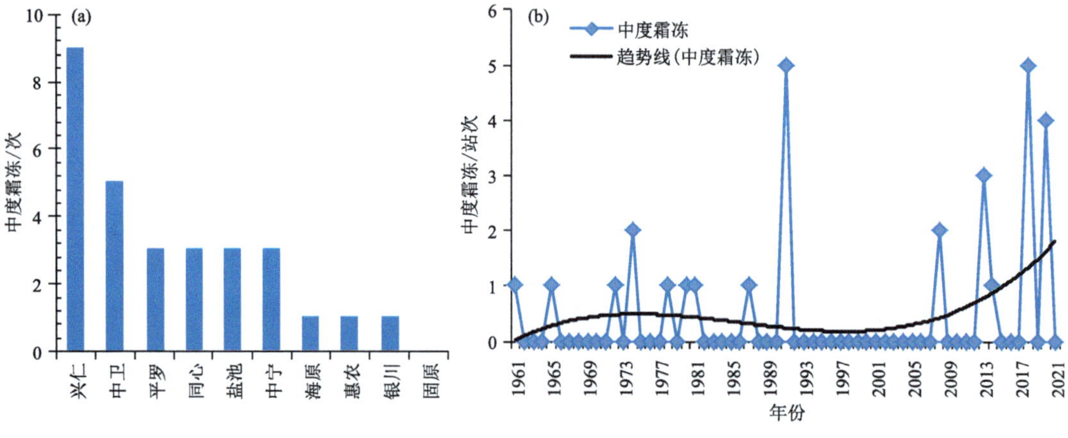

图 3　宁夏枸杞中度霜冻灾害各地多年平均发生次数(a)及全产区平均逐年变化(b)

（二）枸杞高温热害风险显著加剧

高温热害对两季产区夏果影响较大（图 4a），常造成夏果落花落蕾，减少夏果枝花蕾分化数，夏果采摘提前结束，延长夏眠期。1961 年以来，两季产区夏果期高温热害风险整体显著加大，中度及以上高温热害日数从 20 世纪 60 年代的 5.3 天/年增加到近 10 年的 15 天/年，平均增多了近 10 天，且增加趋势在 2001 年发生了增加突变，突变后较之前增加了 12.2 天/年（图 4b）。

中宁枸杞产区夏果期高温热害风险加大最显著，中度及以上高温热害日数由 20 世纪 60

年代的 6.5 天/年增加到近 10 年的 33.2 天/年，平均增多了 26.7 天，增多了 4.1 倍。

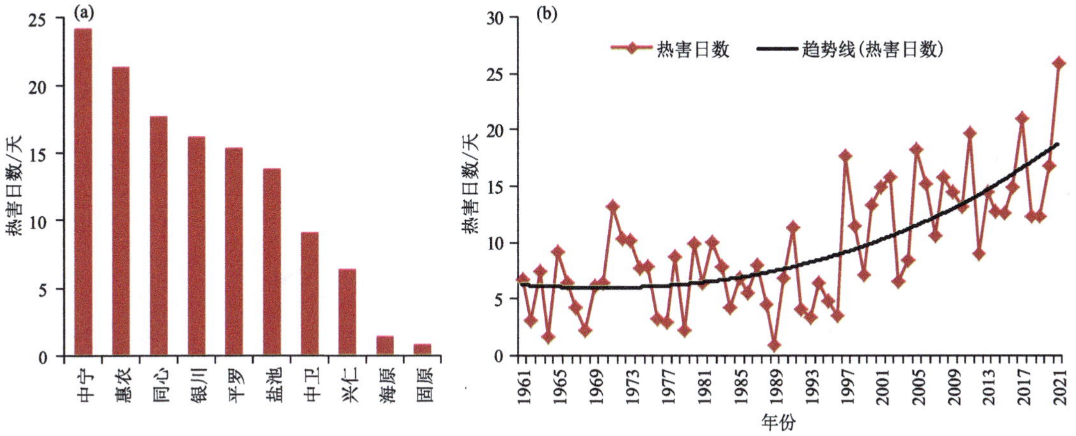

图 4　宁夏枸杞高温热害日数各地多年平均(a)及全产区平均逐年变化(b)

(三)枸杞阴雨寡照灾害近年有增多趋势

枸杞生育期间出现 3 天以上且过程雨量超过 5 毫米的阴雨寡照天气对枸杞产量形成和品质优劣有较大影响。宁夏枸杞产区阴雨寡照灾害分布相对集中，时间上集中在 8—10 月，占全生育期的 56%；空间上在固原和海原相对集中，占全产区 37.7%，平均每年发生 3～4 次(图 5a)。1961 年以来，阴雨寡照灾害(8—10 月)的年际变率较大，20 世纪 70 年代中后期发生频繁，近年又有增多趋势，对秋条、秋果生长发育不利，影响产量(图 5b)。

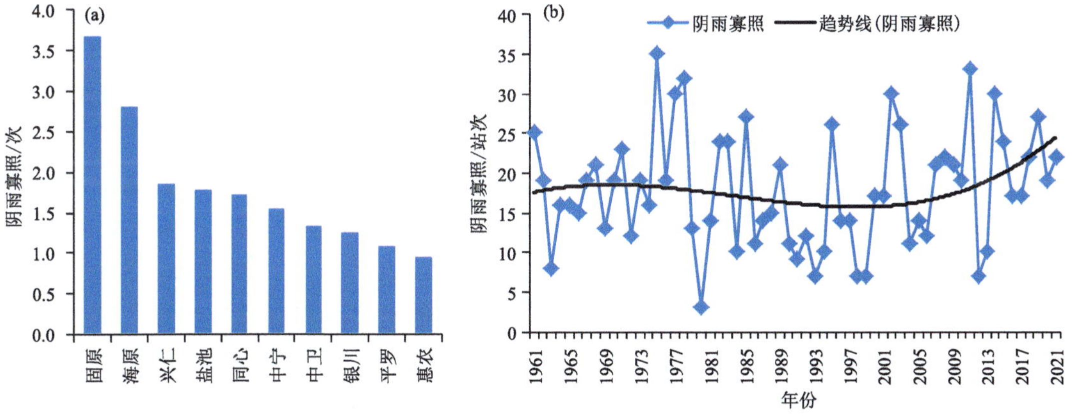

图 5　宁夏枸杞产区 8—10 月阴雨寡照各地多年平均发生次数(a)及全产区平均逐年变化(b)

(四)枸杞冰雹灾害变化趋势

宁夏枸杞产区关键发育期与冰雹多发期高度重叠，多条冰雹移动路径经过种植区。当冰雹大或密集时往往造成枸杞枝条断裂，主枝主干砸伤，叶片、果实被砸乱砸伤造成大量落叶、落花、落果，影响树势和产量。宁夏枸杞产区冰雹灾害风险整体呈降低趋势，速率为 1.612 站次/10 年，由 20 世纪 60 年代 9.56 站次/年减少到近 10 年的 3.6 站次/年，平均减少了 6 站次/年，减少趋势在 1995 年发生突变，突变后较之前平均每年减少了 6.2 站次(图 6a)。空间上，固原产区冰雹发生频次最高，1961 年以来平均每年发生 2 次左右(图 6b)。

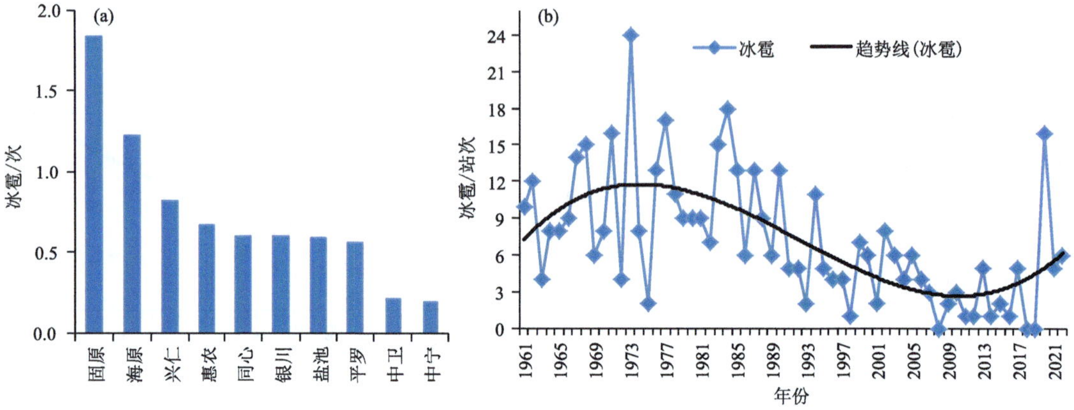

图 6　枸杞冰雹灾害各地多年平均次数(a)及全产区平均逐年变化(b)

四、对策建议

宁夏枸杞贵在道地，适宜道地药材生长的生态环境是中药材可持续发展的基础。在全球气候变暖背景下，宁夏枸杞产区气温升高、夏季高温日数增加、热量资源也显著增加，日照时数总体呈减少趋势，枸杞夏果采摘期(6—7 月)降水呈波动变化，趋势不明显。气候变化导致枸杞发育期提早了 10～14 天，全生育期延长，秋果期热量资源增加，利于增产，冰雹灾害风险降低，但春季霜冻危害和夏季高温热害风险增大，建议：

(1)充分利用宁夏回族自治区农业气候资源优势。应充分挖掘宁夏回族自治区光热资源优势，适当扩大到海拔相对较高、降水少的区域建园。热量资源增加使枸杞发育期提早，枸杞秋果生长期延长，建议各地调整枸杞农事管理方案，重视秋枸杞生产。

(2)全方位做好农业气象灾害防范应对。建议加强气象灾害预报、预警、监测和评估，全方位做好防灾减灾救灾，重点做好高温热害和春季霜冻防范，选育耐高温、耐冻性的品种，通过品种选育弥补气候变化对枸杞的不利影响。

(3)开展新一轮枸杞农业气候区划工作。随着气候变化和枸杞新品种的推广种植，建议加强枸杞适宜种植精细化气候区划研究，开展新一轮枸杞农业气候区划，摸清不同区域的农业气候资源和气象灾害的情况，为科学种植、防灾避灾提供基础支撑。

(4)加强部门合作，凝聚枸杞高质量发展合力。强化部门联动，发挥各自优势，进一步凝聚枸杞产业高质量发展合力，做好枸杞“一业一策”气象服务。

陕西地区冰雹时空分布特征及其对玉米生产的影响与灾害防范

范倩莹　李萍云　李金辉　高蓓
（陕西省气象局　2023年8月4日）

摘要：陕西地区冰雹以小于10毫米的冰雹为主，出现20毫米以上大冰雹的概率较小，大冰雹主要出现在榆林，陕北南部、关中、陕南发生大冰雹的概率较小；冰雹主要集中在4—9月，峰值出现在6月，日发生时段集中在12—20时，月变化及日变化均呈现单峰趋势；冰雹频次地域差异较大，呈现北部多于南部，山地多于平原的特点，冰雹最早出现在中南部地区，随后向北移动，最晚出现在陕南。冰雹是陕西省较常见的一种灾害性天气，冰雹发生时常伴有狂风暴雨，造成植株倒伏、地面积水，如果不能及时排水，导致根部因缺氧受害，甚至死亡。因此，建议合理规划玉米重点生产区，设置防雹作业点，同时加强监测，针对玉米等农作物在不同生长期的需求，及时发布预警信息，积极开展增雨或防雹作业。

一、2005—2023年陕西冰雹时空分布特征

（一）冰雹频次的时间分布特征

（1）冰雹逐年日数变化。对陕西冰雹出现的日数进行年份统计得到图1，可以看出陕西冰雹年际变化明显，年发生日数在5～25天，最多年份发生在2015年，冰雹发生日数最少的年份在2018—2020年。自2005年至今冰雹日数整体呈下降趋势（图1）。

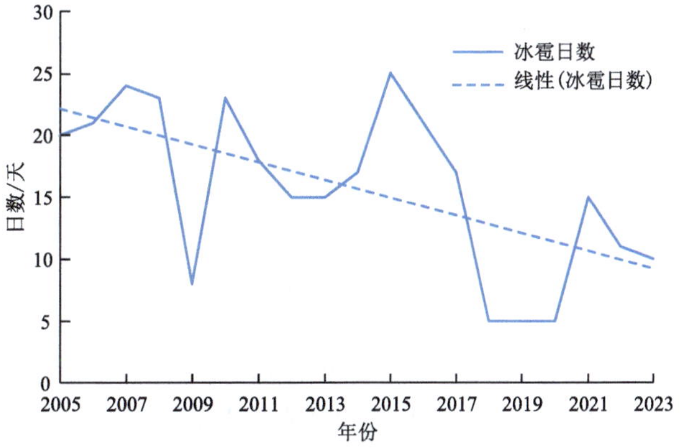

图1　2005—2023年冰雹日数逐年变化

(2)冰雹频次旬变化。2005—2023年陕西冰雹频次旬变化显示(图2),3—6月陕西冰雹频次在波动中逐渐增加,6月下旬达到最大值,随后开始波动减小。3—10月平均每旬出现冰雹频次为10站次。冰雹频次超过平均值的旬分别是4月下旬到5月上旬、6月上旬到6月下旬、7月下旬到8月中旬。冰雹频次低于平均值的旬分别是3月上旬到4月中旬,8月中旬,9月中旬以后,其中3月上旬发生频次最低。

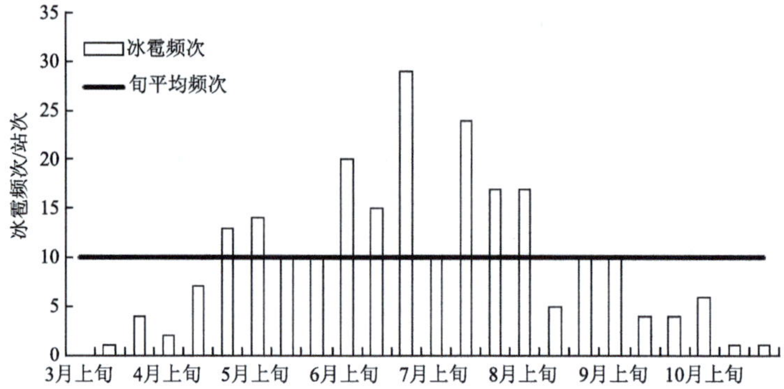

图2 2005—2023年陕西冰雹频次逐旬变化

(3)冰雹频次月变化。陕西冰雹具有月际性强的变化特点,月变化呈单峰分布,2—6月冰雹频次显著增加,冰雹一般出现在4—9月,5—8月占比80.6%,6月冰雹频次最多,共132次,占比达27.8%,其次是5月,共91站次,8月开始不断减少。2月、3月、11月均少于10次,12月,1月为无雹时段(图3)。

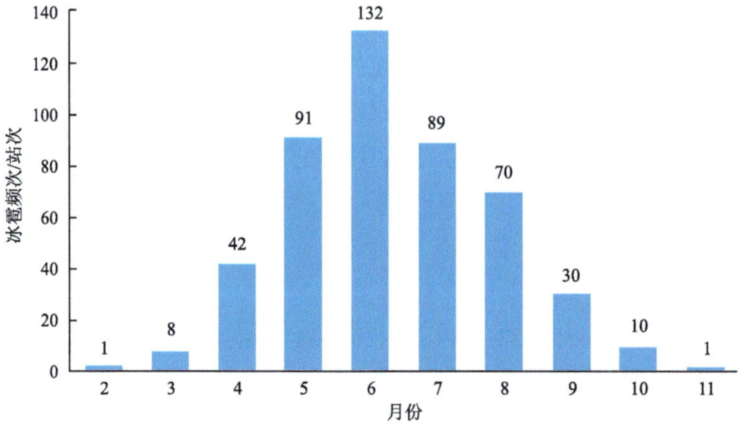

图3 2005—2023年冰雹频次逐月变化

(4)冰雹频次日变化。陕西冰雹天气日变化明显,呈午后单峰型。陕西冰雹主要出现在12—23时,降雹次数占比达97%,14—19时为冰雹出现的高峰期,占比达85%。23时至次日11时出现次数最少,04—07时几乎未出现过冰雹。逐月来看,4月、10月冰雹峰值出现在14—15时,6月冰雹峰值出现在15—16时,3月、5月、7—9月冰雹峰值出现在16—17时。6月峰值期发生冰雹的站次是各月峰值中最多的站次(图4)。

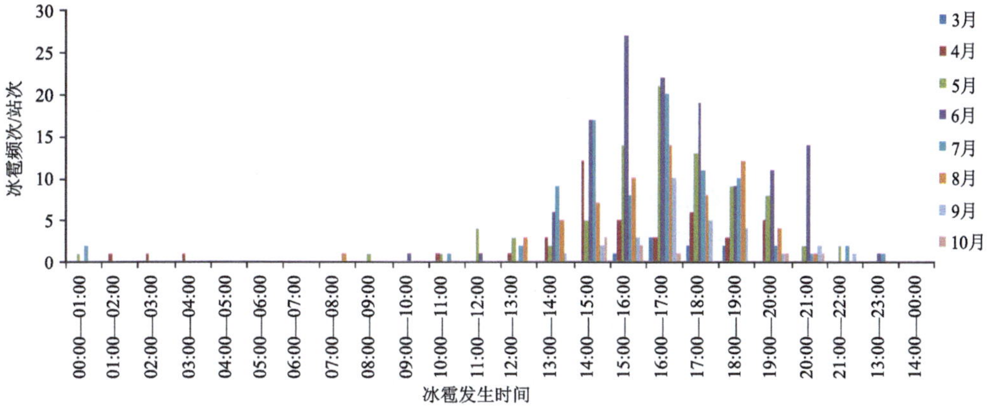

图 4　2005—2023 年冰雹频次日变化

(二)冰雹频次的空间分布特征

(1) 冰雹频次年空间分布特征。2005—2023 年陕西 98 个气象站冰雹频次的年平均分布特征显示，陕西冰雹发生的地域性较强，呈现北部多于南部，山区多于平原的特点。全省大部分地区均出现过冰雹，其中神木、府谷，安塞，黄龙，铜川为多雹区，定边、长武、丹凤、太白为相对多雹区。而关中盆地、宝鸡西部，汉中、安康的冰雹频次最少(图 5)。

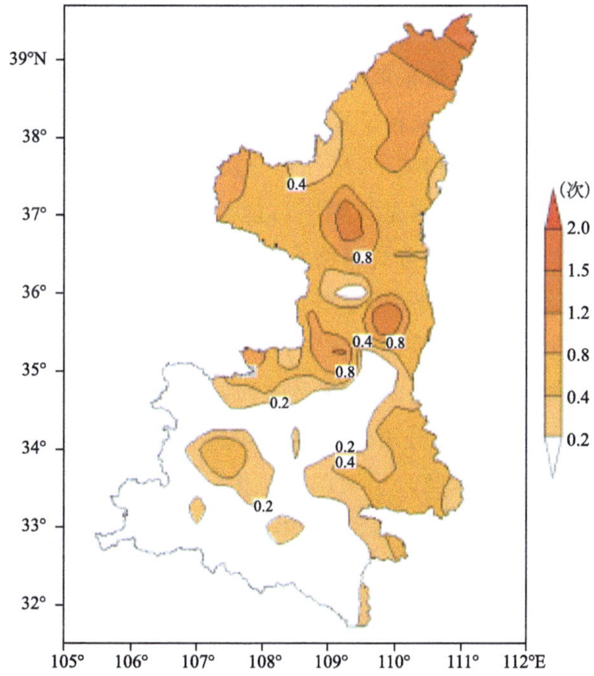

图 5　2005—2023 年陕西冰雹频次年平均空间分布

(2)冰雹频次月空间分布特征。陕西各区域冰雹月变化特征明显，陕北主要出现在 5—9 月，商洛主要出现在 5—8 月，渭北主要出现在 4—8 月。从逐月的空间分布来看，陕西冰雹最早出现在中南部地区，随后向北移动，最晚出现在陕南。

（三）冰雹极值的时空分布特征

对冰雹直径进行统计发现（表1），小于10毫米的冰雹出现282次，占可知冰雹直径总站次的79.66%，大于20毫米的冰雹出现了21站次，占比5.93%，可知冰雹直径越大，出现的概率越小。陕西的冰雹主要集中在10毫米以下。

大冰雹主要位于榆林地区，延安、关中、陕南出现大冰雹的概率较小。对于发生站点来说，榆林的大冰雹主要出现在神木、靖边、府谷和佳县一带，陕北南部、关中的大冰雹易发生在黄龙、合阳和武功，而陕南则易出现在镇巴、南郑、山阳、商南。对于发生时间来说，榆林主要出现在8月，其次是6月，陕北南部、关中的大冰雹出现在7月和8月，陕南主要出现在6月。冰雹极值出现在13—23时，其中峰值出现在16—17时。对于直径大小来说，陕北的冰雹直径在30～50毫米，陕南的冰雹直径20～40毫米，陕北南部、关中的冰雹直径20～30毫米。

表1　冰雹直径与冰雹站次统计分布

	<5毫米	5～10毫米	10～20毫米	≥20毫米
发生站次/次	166	116	51	21

二、冰雹对玉米的影响及挽救措施

冰雹是陕西省较常见的一种灾害性天气，冰雹发生时常伴有狂风暴雨，造成植株倒伏、地面积水，如果不能及时排水，导致根部因缺氧受害，甚至死亡。若出苗期出现冰雹，会使土壤板结，低温下降，通气受阻，对玉米种子发芽和出苗不利。苗期出现冰雹，会使新生叶片卷曲，幼苗大部分叶片破损，光合面积减小，植株养分缺乏，根系缺氧，造成植株抗病力下降，甚至幼苗枯死。拔节到抽雄前期，尤其是大喇叭口前出现冰雹，会打烂叶片，茎秆的倒伏和倒折，对玉米造成机械性损伤，同时会造成雌穗发育不良。抽雄到开花期出现冰雹，造成玉米花粉遇水破裂，授粉受到影响，会打烂叶片，茎秆的倒伏和倒折，对玉米造成机械性损伤，导致玉米不同程度的减产。玉米抽穗后遭受冰雹灾害，植株恢复能力变差，叶片机械损伤，光合作用变差，对产量影响较大，如果穗节状况良好，应及时加强管理，促进植株生长，减少产量损失。

冰雹危害玉米的挽救措施：部分玉米苗受灾较重，缺苗较多，要及时补种，确保种植密度。及时对玉米植株培土扶正追肥。土壤湿度过大或地势低洼积水地块应及时开沟，降低田间土壤湿度。视玉米生长情况要及时培土、中耕、破除板结，改善土壤通透性，使植株根系尽早恢复正常的生理活动。根据受灾程度，增施速效氮肥，以促进植株恢复生长。

三、2023年人工防御冰雹情况及防御措施

（一）2023年降雹情况

（1）2023年6月11日下午，商洛市的柞水、商州区、山阳、洛南等地出现降雹。其中，柞水的凤凰镇金凤村出现最大直径30毫米的大冰雹。

(2)2023 年 6 月 13 日下午，咸阳市的旬邑县马栏镇、土桥镇、郑家镇等地出现直径 12 毫米的冰雹；延安市的黄龙县 8 个作业点出现降雹。

(3)2023 年 6 月 26 日下午，榆林市的神木、府谷和子洲省部分地方先后产生直径 5～28 毫米的冰雹；延安的志丹、吴起、富县、黄陵、子长、宝塔区、延长、宜川等地先后产生直径 3～50 毫米的大冰雹；宝鸡市的陇县、千阳县、金台区、陈仓区，先后出现直径 5～20 毫米的冰雹。

(4)2023 年 6 月 27 日下午，延安市的宝塔区、安塞区，出现直径 10 毫米的冰雹。

(5)2023 年 7 月 21 日，延安市的富县、宝塔区、洛川等地出现直径 8～12 毫米的冰雹；渭南市的韩城市出现直径 25 毫米的冰雹。

(6)2023 年 7 月 24 日，商洛的柞水、洛南、商州区、山阳等地出现直径 2～15 毫米的冰雹。

(二)2023 年以来冰雹防御情况

截至 2023 年 8 月 1 日，全省组织实施地面防雹作业 900 炮(箭)次，消耗“三七”炮弹 16404 发、火箭弹 1081 枚，取得了良好效果。

(三)针对玉米等大田作物的防御措施

目前防雹工作是针对苹果等经济价值较高的作物开展防雹作业，减少经济损失。针对玉米、小麦等大田农作物开展专项防御较少，建议：

(1)合理规划，调整种植结构，划定玉米重点生产区，在重点区域开展防雹作业。

(2)加大投资，在玉米重点生长区，设置防雹作业点，配置高炮、火箭等防雹作业工具开展人工防雹作业。

(3)各级气象部门在防雹季节，加强天气监测，充分利用现有的作业点和移动作业力量，在对价值较高的作物开展防雹作业同时，针对玉米等农作物在不同生长期的需求，及时发布预警信息，积极开展增雨或防雹作业。

台风“卡努”将给东北地区带来较强风雨天气，正值作物产量形成关键期，谨防渍涝灾害和倒伏

李佳英　赵秀兰　王纯枝　刘淑贤
（国家气象中心　2023年8月9日）

摘要：目前东北地区作物处于产量形成关键期，受8月2—4日强降水过程影响，吉林北部和西部、黑龙江南部、辽宁西北部土壤过湿，出现渍涝灾害。截至8月9日，黑龙江、吉林、辽宁农田积水受涝面积分别为537.7万亩[①]、345.4万亩、79.7万亩，分别占耕地面积的2.1%、3.1%、1.0%。预计未来一周东北地区多降雨天气，其中10—13日，受台风“卡努”影响，东北将有较强风雨天气，影响范围与前期渍涝灾害地区高度重叠，将加重渍涝灾害程度，增加作物倒伏风险。建议：东北各地及时排涝降渍，降低作物倒伏风险；风雨天气过后合理施肥，促进作物恢复生长；已倒伏作物要因地制宜做好田间管理工作。

一、当前东北地区农作物生长状况

8月东北地区作物正值产量形成关键期。目前，东北地区一季稻大部处于抽穗至开花期，春玉米处于开花至吐丝期，大豆处于结荚期；大部作物发育期接近常年，长势良好。

二、目前黑龙江、吉林等地部分农田渍涝突出，东北地区墒情状况整体接近去年同期

7月以来东北地区多降水天气，尤其是受8月2—4日强降水过程影响，吉林北部和西部、黑龙江南部和东南部、辽宁西部降水偏多1～4倍，造成吉林北部和西部、黑龙江南部、辽宁西北部出现土壤过湿和渍涝，多条河流出现超警戒水位洪水，吉林舒兰，黑龙江五常、尚志、阿城等地遭受暴雨洪涝灾害。

8月9日土壤水分监测显示，东北地区大部20厘米土壤墒情适宜，利于作物生长发育；黑龙江东部和南部、吉林北部和西部以及辽宁北部土壤过湿，其中黑龙江三江平原西北部和东部、哈尔滨东南部和牡丹江，吉林白城、松原、长春、舒兰、榆树，辽宁铁岭、抚顺等地部分农田遭受渍涝灾害，黑龙江五常、尚志等地出现偏重涝害（图1），少数田块被淹受损。截至8月9日，黑龙江、吉林、辽宁农田积水受涝面积分别为537.7万亩、345.4万亩、79.7万亩，分别占耕地面积的2.1%、3.1%、1.0%。

---

① 1亩=1/15公顷，下同。

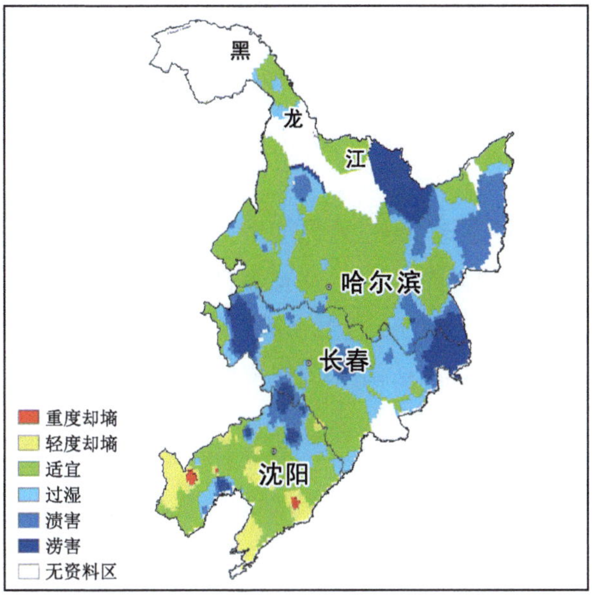

图 1　东北地区 20 厘米土壤墒情(2023 年 8 月 9 日 08 时)

三、未来一周东北地区多降雨天气，其中 10—13 日降雨较强，农田渍涝范围将扩大，作物倒伏风险较高

(一)预计 10—13 日东北地区将有较强风雨，农田渍涝范围将扩大，作物倒伏风险较高

预计 10—13 日，受台风“卡努”影响，东北将有明显降雨天气，吉林东部、黑龙江北部和中东部部分地区有大到暴雨，局地大暴雨；东北地区有 4～5 级风、阵风 6～7 级，黑龙江和吉林的部分地区有 6～7 级风、阵风 8～9 级，局地 8～9 级、阵风 10～11 级。台风影响期间东北地区大部气温将偏低、日照不足。

台风“卡努”风雨影响与前期部分农田渍涝灾害高度重叠，前期遭受湿涝灾害的农田灾害将加重。预计 10—13 日，黑龙江省三江平原、哈尔滨东部和牡丹江，吉林省白城、松原、舒兰、榆树，长春、吉林、延边，辽宁省铁岭、抚顺等地部分农田将遭受渍涝灾害；其中，新增渍涝范围包括黑龙江阿城、哈尔滨东北部，吉林省吉林、延边；渍涝加重范围主要在黑龙江三江平原西北部和东部、哈尔滨东南部、牡丹江，吉林省白城、松原、长春，辽宁省铁岭、抚顺等地；维持偏重涝害主要在黑龙江哈尔滨市五常、尚志等地。预计黑龙江、吉林、辽宁农田积水受涝面积将分别占耕地面积的 25.6%、10.2%、2.4%。

较强风雨天气将使农田渍涝灾害区作物倒伏风险明显增加。预计 10—13 日，黑龙江省三江平原、松嫩平原和牡丹江，吉林省白城、松原、长春、吉林和延边，辽宁省铁岭、抚顺等地农田可能出现玉米等作物倒伏，黑龙江省哈尔滨市五常、尚志、阿城和吉林省舒化等地玉米、水稻、大豆等作物将出现较大范围倒伏。农田作物出现倒伏，田间环境变差，作物营养输送和后期灌浆速度减慢，影响产量形成，倒伏严重地块将造成产量明显受损。

持续渍涝灾害叠加阶段低温寡照将造成作物根系通气不良和缺氧、水稻抽穗开花、春玉米吐丝和大豆结荚缓慢、长势偏弱；少数受淹严重低洼地块易导致植株早衰或死亡，产量明显受损。而农田作物倒伏则将导致田间环境郁蔽变差，作物营养输送和后期灌浆速度减慢，影响产量形成，倒伏严重地块将造成产量明显受损。

（二）14—16日东北地区多降雨天气

预计14—16日，东北地区多降雨天气，光温条件明显好转，利于作物光合作用，对水稻抽穗开花、春玉米吐丝和大豆结荚有利，干物质积累将明显增加，利于受灾作物恢复生长；预计至8月中旬末，东北地区玉米、大豆、水稻等作物长势整体接近常年状况。

四、农业生产建议

在台风影响前后，针对湿涝农田及时排涝散墒，黑龙江和吉林等地涝害偏重地区要加大排涝力度，缩短农田渍涝时间，降低作物倒伏风险，改善土壤通气性，提高根系活力。风雨天气过后及时检查渍涝和倒伏田块，合理施肥，促进作物恢复生长；已倒伏作物要因地制宜做好田间管理工作。

另外，台风带来的风雨影响将使水稻稻瘟病等病虫害和杂草发生的气象风险高，需注意防治。

辽宁省2023年玉米生产智慧气象服务效益评价对比试验效益报告

张慧[1] 刘敏[2] 陈鹏狮[3] 王阳[3] 吴航[1] 唐亚平[2] 刘志刚[1] 高全[1]
（1.锦州市气象局；2.铁岭市气象局；3.辽宁省生态气象和卫星遥感中心 2023年11月13日）

摘要：针对多年来农业气象服务效益定性多定量少等难题，辽宁省气象局和农业农村厅在全省选择六组不同规模农田，融入玉米“耕种管收储”全生产环节，开展了玉米生产农业气象服务效益对比试验。实际测产结果表明，全响应气象服务地块气象服务贡献率为9.2%，即每亩平均产量可提高76.3千克、平均收入可增加198元，成效显著，得到新型农业种植主体的高度认可。本次对比试验首次测算出气象“软服务”对玉米单产提升的定量化“硬效益”贡献，科学回答了农业气象服务对农业生产保障的具体作用和价值。所设计的试验规范、观测数据集、玉米全生产周期气象服务产品清单等成果，为农业气象服务定量化效益评价提供了示范。

为落实中国气象局张祖强副局长来辽调研提出的要求，在中国气象局减灾司和国家气象中心、中国气象局公共服务中心、中国气象科学研究院、中国气象局气象发展与规划院的指导下，辽宁省气象局组织开展了2023年玉米生产智慧气象服务效益评价对比试验。经过一年的田间试验和测产分析，并经农业部门专家论证后，认为该试验成效显著：6组试验地块（气象服务全响应地块）播种日期平均提前13天，玉米全生育期增加10天；每亩增产、增收和纯收益中气象服务贡献率分别为9.2%、9.2%和8.8%，即每亩平均产量提高76.3千克、平均收入增加198元，纯收益增加143元。现将有关情况汇报如下。

一、试验的基本情况

2023年辽宁光温水匹配较为适宜，灾情总体较轻。试验地块玉米理论适播期天气复杂多变，先后经历了播前11天的倒春寒、播种前后4轮大风沙尘、幼苗阶段的关键性透雨和大苗阶段的少雨干旱。产量形成关键期的初夏和灌浆期阶段性干旱，盛夏4轮强降雨。收储阶段强雨雪。近200天中，试验组持续对6组试验地块进行全程观测、调查和记录。

（一）备耕期跟进协调试验“四个统一”，保证试验严谨性

根据试验地区农户和合作社的生产实际，完成试验地块农田测墒、用种、用肥、药剂、整地、播种等工作，确保试验地块和对照地块的“玉米品种及包衣处理、底肥含量和用量、整地方式和播种农机、播种深度和行间距”保持一致，即实现“品种、施肥、农机作业和栽培管理”“四个统一”，降低试验的非气象服务干扰。

（二）适播期精准研判播种最佳时机，检验预报硬实力

试验组持续监测试验地块的冻土、地温、墒情实况，根据玉米适播期预报模型，利用4～

20天智能网格预报，逐个地块研判确定了最佳播种窗口期，铁岭3个试验地块分别于4月15日、17日、25日播种，锦州3个试验地块均于4月27日播种。

（三）夏管期应用灌溉定量预报，推动科研成果转化

6月中下旬至7月初，锦州地区出现阶段性干旱，试验组应用中国气象局沈阳大气环境研究所的“农田精细化灌溉量预报系统”，进行定量化灌溉气象服务。其中，试验地块进行定量化灌溉，对照地块进行灌溉和无灌溉处理，用以拆分适宜播种和灌溉对玉米产量的影响。

（四）秋收期多源互证测产数据，力求结果权威可信

试验中的观测取样、成本核算、记录档案均需气象、农户、农机手、农业多方人员签字确认，且要求实景照片、记录簿手签、无人机航拍多源互证。特别是实收测产过程，由市农科院、市农业农村综合服务中心及国家统计局锦州（铁岭）调查队主导，现场划定样方、收取样本、产量分析，并共同签字确认，确保了测产的规范性、数据质量的准确性、结果的权威性。

（五）记录档案规范系统，形成完整立体证据链

试验组依据《农业气象观测规范》对“墒情、苗情、灾情、农事”进行跟踪观测和规范记录，证据链条包括了数据、照片、记录、无人机影像等。完全按照规范进行玉米长势观测、填写观测记录簿；同时做好日常农事活动及其支出记录，均使用水印相机并采取一致的拍照角度。从玉米备耕到收获平均每亩支出564元。

（六）玉米农情多源监测，构建气象服务数据库

综合地面观测、卫星遥感、无人机、作物模型和智能网格预报技术，开展试验区及对照区玉米发育期、生长状况、生物量、产量结构分析等。构建涵盖基础气象资料、农田小气候观测、实景观测、物候期观测、灾情资料、种植空间分布、玉米生长状况的农业气象指标及服务产品等玉米气象服务大数据库。

（七）气象服务清单化，形成四级联动技术保障

试验综合省市县村四级气象和农业部门技术力量，融入玉米“耕种管收储”五段生产环节，建立精细化伴随式气象服务清单，以保证玉米备耕期土质肥沃，春播期出苗率大于90%且苗齐苗壮，夏管期病株率低且植株健壮，收获期产量高且粮质好，冬储期脱水快霉变低。

二、气象服务的效益评价

试验首次定量化测算出气象“软服务”对玉米单产提升的时间、管理、产量和经济四类效益贡献，经过辽宁省农业农村厅、农业科学院、农业生产工程中心和沈阳农业大学等相关专家论证后，认为该试验成效显著，建议持续研究并推广。

（一）气象服务全响应的时间效益

气象服务全响应地块的播种时间提前13天，全生育期增多10天，玉米生长≥10 ℃活动积温增加86.0 ℃·日、有效积温36.1 ℃·日，光热资源和水肥条件得到充分利用。按每台小型播种机日播种100亩、中型播种机日播200亩、大型播种机日播350亩计算，农机手单

机春播作业面积可增加 1300～4550 亩、营收可增加 6.5 万～22.75 万元。

(二)气象服务全响应的管理效益

(1)植株健壮的特征显著。气象服务全响应地块普遍为一类至二类苗,发育期偏早,植株较壮,地下根系较长,抗旱能力强。铁岭气象服务全响应玉米根数比不响应多 3.0 根,根长长 5 厘米。锦州气象服务全响应比不响应的株高高 18 厘米,茎粗粗 3 毫米,穗位高 15 厘米。

(2)玉米抗夏旱的能力强。6 月中下旬至 7 月初锦州出现区域性农业干旱,通过对比观测显示,气象服务全响应玉米叶片的光合能力强,较不响应高 16 微摩尔二氧化碳每平方米每秒,叶片表面水汽压亏缺低 1.9 千帕,气孔导度大 0.12 摩尔水每平方米每秒,蒸腾速率高 2.8 毫摩尔水每平方米每秒。从叶片旱象表现看,玉米叶片打绺等旱象相比对照地块明显延迟(图 1)。

图 1　锦州大屯地块抗夏旱能力表现(7 月 1 日 09 时、10 时和 11 时)

(3)果穗粗壮秃尖少。气象服务全响应地块玉米较不响应地块果穗长增加 8.0%,果穗粗增加 1.8%,秃尖少 22.1%,百粒重 4.4%,鲜穗出籽率增加 2.5%。

(三)气象服务全响应地块的产量效益

秋季实际测产,气象服务全响应地块玉米较不响应地块每亩平均提高 76.3 千克,试验地块增产的气象服务贡献率平均为 9.2%,最低提高 22.2 千克、最高提高 140.58 千克。出苗率提高 4.7%、亩保苗数增加 386 株(表 1)。

表 1 服务试验地块效益核算

试验地块	处理	折合标准 14% 实收亩产/千克	每亩增产/千克	增产占比/%	成本汇总/元	亩销售收入/元	亩纯收益/元	纯收益中服务贡献占比/%
锦州农试站	全响应	764.24	50.17	7.0%	615	1987	1372	2.3%
	不响应	714.07			515	1857	1342	
锦州大屯村	全响应	1000.27	53.92	5.7%	660	2601	1941	2.1%
	不响应	946.36			560	2461	1901	
锦州凌海富有	全响应	825.51	79.59	10.7%	610	2146	1536	7.5%
	不响应	745.92			510	1939	1429	
铁岭阳宇	全响应	918.36	140.58	18.1%	470	2388	1918	23.5%
	不响应	777.78			470	2022	1552	
铁岭张庄	全响应	976.96	111.59	12.9%	473	2540	2067	14.2%
	不响应	865.37			440	2250	1810	
铁岭农科院	全响应	919.71	22.20	2.5%	615	2391	1776	0.4%
	不响应	897.51			615	2334	1719	
平均	全响应	900.84	76.34	9.2%	573.83	2342	1768	8.8%
	不响应	824.50			518.33	2144	1625	

注：锦州港 10 月 27 日主流收购价格：含水量 14.5%的玉米，一等粮收购价每吨 2610 元，二等粮每吨 2550 元，本试验多为一等粮，玉米容重普遍大于 700 克，表中按每公斤 2.6 元计算。

(四)气象服务全响应地块的经济效益

试验地块增收的气象服务贡献率平均为 9.2%，即每亩售价平均增加 198 元，气象服务全响应地块较不响应地块最低增收 57 元、最高增收 366 元。亩纯收益增加的气象服务贡献率平均为 8.8%，即扣除成本后亩纯收益平均增加 143 元(表 1)。田间踏查发现，试验地块周边多个农户的地块因播期过早或过晚而出苗率不足 7 成，部分地块出现毁种，毁种成本平均每亩增加 70～80 元。

三、效益评价对比试验的启示和建议

(一)农业生产对气象服务的需求旺盛

一是雨养农业决定了农业生产对天气气候的高依赖性；二是新型农业主体成长后，土地适度规模化和成本风险控制要求更准确更精细的气象服务；三是近年来的服务实践和探索表明，东北不同区域、农时、农户在生产端的气象服务需求各不相同。此次试验覆盖的用户对气象服务需求旺盛和迫切，常规服务的时效和精度无法满足需求，农业气象服务需要加强和转型。

(二)效益评价对比试验需要继续进行

一是气象生产服务涉及“耕种管收储”多个环节的效益对比评估，需分阶段和全周期评估，2023 年试验中适播期研判准确对产量的提升作用最为显著，和农学界倡导的密植不谋而合；二是不同年型和地区遭遇的天气风险不同，一年或一地服务效益差异大，需分地区分年型开展试点试验；三是不同服务对象体现的效益差异大，如种植规模不同的传统小农户、农业合作社、家庭农场、种植企业等，如利益相左的种植者、保险企业、农资商、农机手等；四是伴随式动态跟踪服务效益梳理，有利于倒逼农业气象业务发展和服务转型。建议通过软科学、创新专项等方式予以必要的经费支持。

（三）地块级别的精准气象服务要求高

空间上服务对象要求细化定位到农田地块尺度，高标准农田建设或全国农业气象站网建设中建议“一站多能”，实现冻土、地温、墒情、苗情、农田小气候等多要素的集成观测。农事活动的决策要求预报要素准、时效长，需要融合短临、短期和延伸期预报、月季气候预测等，服务上要求易懂实用、响应快速，甚至场景化和方案化，建议引导、培育“懂预报、知农需、会服务”的复合型人才。

近62年气候变化对吉林省农业的影响分析

邱译萱　杨雪艳　于秀晶　赵婷婷　李金泽　胡轶鑫　姜忠宝
（吉林省气象局　2023年12月5日）

摘要：1961—2022年，吉林省作物生长季气温呈显著上升趋势，积温呈显著增加趋势，2800 ℃·日以上的积温高值范围由中西部向东南方向不断扩展，终霜提前，初霜推迟，无霜期延长。降水量呈增加趋势，600毫米以上的降水量高值区由南部向中部扩展。暴雨、大暴雨日数增多，洪涝灾害趋重，极端高温增多、低温冷害减少，干旱灾害频次和 强度增大。玉米可种植区范围不断扩大，中、晚熟品种可种植区东扩北移；水稻晚熟品种可种植区向东南扩张。气候变化将导致吉林省旱涝灾害加剧，农业病虫害加重。总体来说，气候变化对吉林省农业生产的影响正面效应大于负面效应。

一、近62年吉林省农业气候资源及农业气象灾害变化特点

平均气温显著上升。1961—2022年吉林省农作物生长季（5—9月）平均气温18.6 ℃，呈显著上升趋势，增速为0.2 ℃/10年。近62年，农作物生长季平均气温最高为20.1 ℃，出现在2000年；平均气温最低为17.3 ℃，出现在1969年。20世纪60—80年代农作物生长季平均气温偏低，90年代中期以来农作物生长季平均气温持续偏高。

积温呈显著增加趋势。1961－2022年吉林省农作物生长季积温平均为2850 ℃·日，20世纪60年代至90年代中期农作物生长季积温偏少，90年代中期以来农作物生长季积温持续偏多。积温最多为3074 ℃·日，出现在2000年；最少为2646 ℃·日，出现在1969年。近62年，全省平均积温呈显著增加趋势，增速为31.9 (℃·日)/10年。中西部大部及延边部分地方积温增加幅度较大，增速在40 (℃·日)/10年以上。

从1961—1980年、1981—2000年、2001—2022年三个时间段吉林省农作物生长季积温变化分布图可以看出（图1），吉林省大部分地区积温显著增加，2800 ℃·日以上的积温高值范围由中西部向东南方向不断扩展。

农作物生长季降水量呈增加趋势，600毫米以上的降水量高值区由南部向中部扩展。1961—2022年，吉林省农作物生长季平均降水量为505.7毫米，呈增加的趋势，其中2009年最少，为367.5毫米，2022年最多，为671.2毫米。

从1961—1990年、1991—2022年两个时间段吉林省农作物生长季降水量对比来看，吉林省大部分地区降水量呈增加趋势。600毫米以上的降水量高值区由南部向中部扩展；西部白城、松原和东部延边部分地方为降水量低值区，降水量增长较少。

农作物生长季日照时数减少。1961—2022年吉林省农作物生长季平均日照时数为

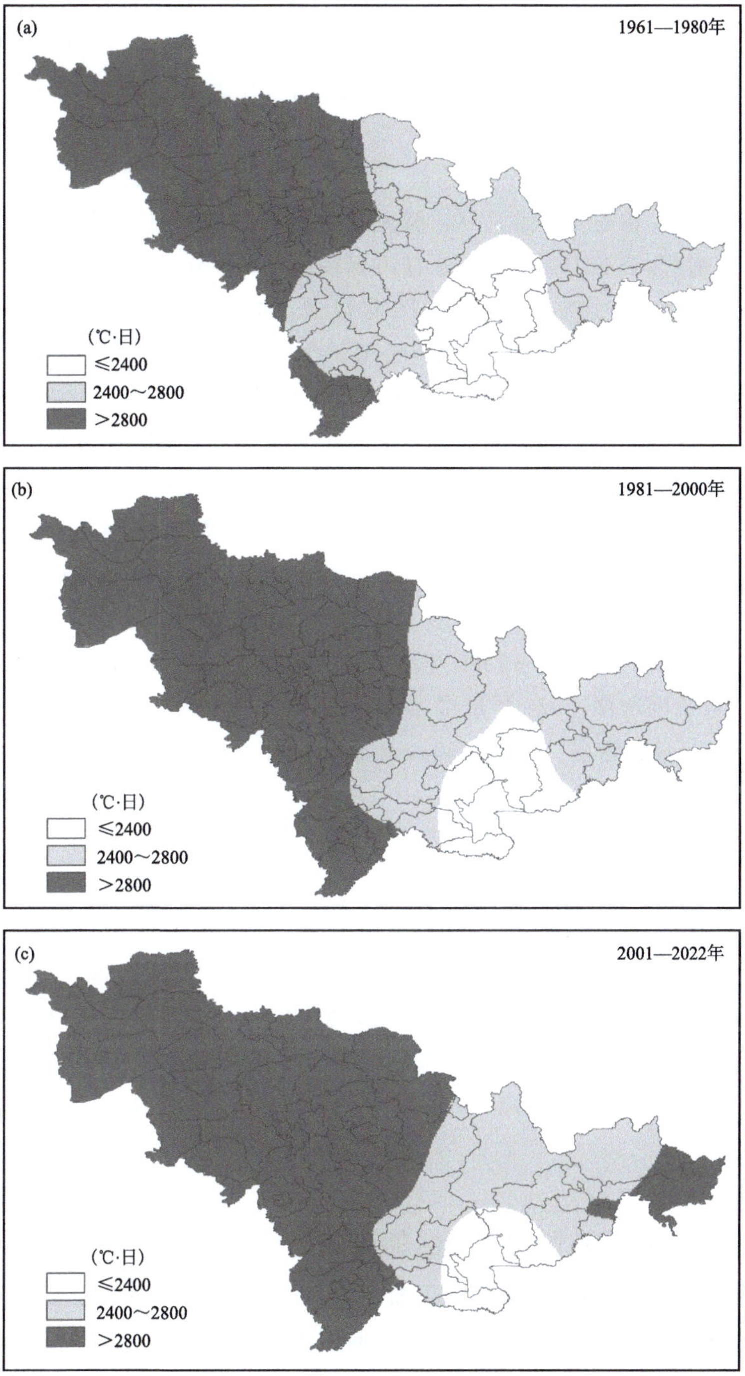

图 1 吉林省农作物生长季积温变化

1128 小时，整体上呈显著减少趋势，减少速率为 18.3 小时/10 年。

终霜提前，初霜推迟，无霜期延长。吉林省多年平均初霜日期为 9 月 27 日，多年平均终霜日期为 5 月 10 日。近 62 年全省平均初霜日期呈推迟的趋势，推迟速率为 1.7 天/10 年，

2000年以来全省平均初霜多出现在10月上旬。全省平均终霜日期呈波动性提前的趋势，提前速率为2.5天/10年。

1961—2022年吉林省平均无霜期日数为138天，呈显著上升趋势，增速为4.2天/10年。近62年，无霜期日数最长为160天，出现在2012年；最短为117天，出现在1969年。

暴雨、大暴雨日数增多，洪涝灾害趋重。1961—2022年吉林省农作物生长季累计出现暴雨49.3站日/年，大暴雨4.4站日/年，暴雨和大暴雨日数均呈现增加趋势。全省日最大降水量为203.9毫米，于2017年7月20日出现在永吉。强降水可造成农作物积涝、过水倒伏等洪涝灾害，造成作物减产或绝收。2010年以来，吉林省因洪涝灾害造成农作物受灾面积呈增大趋势，2020年最多，达到100.9万公顷。

干旱灾害频次和强度增大。吉林省干旱过程多发生在春、夏季。1978—2022年吉林省历年干旱发生次数呈上升趋势，年平均区域干旱次数0.5次，其中1994年、1997年、2011和2014年发生干旱次数偏多，均为两次。干旱过程强度和最长连续干旱日数呈略微上升趋势。20世纪70年代后，农业干旱灾害的发生频次和程度明显增加，尤其是90年代中期以来最为显著，以西部最为严重。但2010年以来，吉林省春旱频次呈减少趋势。

冰雹日数年代际变化明显，近年增多。近62年，吉林省农作物生长季平均每年出现冰雹69站日，年际变化较大，1961—1986年冰雹日数偏多，1987—2018年冰雹日数偏少，2019年开始，冰雹日数急剧增多，2020年最多，为多年平均的3.9倍。

高温(≥35 ℃)日数增多。1961—2022年吉林省农作物生长季平均每年出现高温46.1站日，呈增加趋势。日极端最高气温达42.7 ℃，于2017年5月18日出现在洮南。7月中下旬，吉林省各地水稻普遍进入孕穗期，对高温敏感，持续高温会阻碍水稻孕穗开花，导致结实率下降从而减产。

低温灾害次数减少，范围缩小，但影响未减弱。随着气候变暖，吉林省水稻延迟型冷害频次呈减少趋势，20世纪70年代延迟型冷害最重，21世纪以来延迟型冷害频次明显减少。1961—2022年吉林省水稻障碍型冷害频次呈波动性减少趋势，1971—1990年障碍型冷害发生频次较多，1991—2000年较少，2001—2010年期间有所上升，2011年以来明显减少。低温冷害发生频率由西向东逐渐升高，20世纪90年代之后，冷害主要分布在东部。

二、气候变化对吉林省农业的影响分析

(一)气候变化对玉米适宜种植区的影响

近62年来，吉林省热量资源的增速逐渐加快，玉米不同品种可种植区范围不断扩大：一是早熟、中熟品种可种植范围不断向长白山方向扩张；二是中晚熟、晚熟品种北移东扩。

吉林省玉米种植适宜种植区年代际变化，1961—1980年，中西部大部为中晚熟区，中南部多为早熟区和中熟区；1981—2000年，中西部部分地区可种植晚熟品种，中晚熟品种可种植区向东扩张，早熟品种可种植范围向长白山方向大幅扩展；2000年以来，晚熟品种种植界限持续北移东扩，延边东南部也可种植中晚熟品种，中熟区扩展较大。目前全省中西部地区的热量资源比较丰富，正常年份基本上都可以保证晚熟型玉米的正常成熟。

(二)气候变化对水稻种植界限的影响

随着气候变暖,热量资源增加,吉林省中、晚熟品种水稻可种植区范围不断扩大。1961—1980年,可种植的晚熟品种主要在西部,中南部大部及延边东部适宜种植中熟品种;1981—2000年,晚熟品种可种植区向东扩张到长春、吉林西部;2000年以来,晚熟品种可种植区继续向东向南扩张,除长白山高海拔地区外,吉林省大部可种植中、晚熟品种。

(三)气候变化导致旱涝灾害加剧

吉林省降水虽然有增加趋势,但由于降水时空分布不均,加之气温显著升高,发生阶段性干旱的风险较大;另外,气候变化导致吉林省暴雨洪涝事件的频次与强度升高,北上影响吉林省的台风次数和强度也有增加,农田内涝、渍涝以及作物倒伏的风险加大。旱涝灾害的加剧,将对吉林省农业生产造成影响。

(四)气候变化导致农业病虫害加重

温度是影响作物病虫害发生的主要环境条件。随着气候变化,吉林省冬季温度显著上升,暖冬现象增加,易于虫卵越冬,气候变暖将导致吉林省多数病虫害加重,病虫危害范围扩大,危害时间延长,危害次数增加,将给农业生产带来不利影响。

(五)气候变暖对吉林省农业生产有正面效应

气候变化导致吉林省作物生长季延长,生长季热量增加,对于东部热量不足区域将有利于粮食作物产量增加。玉米和水稻中、晚熟品种种植区域扩大,也将有利于粮食作物产量增加。另外,吉林省大部分地区降水量呈增加趋势,600毫米以上的降水量高值区由南部向中部扩展,有利于中部粮食作物产量增加。

综合来看,气候变化对吉林省农业生产的影响正面效应大于负面效应。

三、应对策略和建议

一是充分利用农业气候资源,科学调整农作物种植布局。针对未来吉林省热量资源增加特点,可以通过开展作物种植区划、种植结构调整、品种布局规划,选择适合区域种植中晚熟作物品种,充分用好用足热量资源。

二是加强极端天气气候监测预测,防御极端天气对农业生产的不利影响。气候变暖导致吉林省暴雨、台风等极端天气增多,洪涝和作物倒伏灾害风险加大,对粮食生产有较大影响。要提高极端天气气候监测预测能力,健全和完善农业气象灾害监测预警与应急响应机制,减轻极端天气造成的危害。

三是做好农作物病虫害防治工作。加强农作物病虫害的监测预测,加强病虫害综合防治技术体系建设,提高病虫害防治能力 。

四是遏制气候变化对黑土地的影响,强化黑土地保护。深入研究气候变化及气象灾害对黑土地退化的影响机理,建立黑土地气象灾害监测业务,开展黑土地保护恢复适用技术研究。提高有机肥施用比例,建立科学合理土壤耕作制度,强化黑土地保护。

五是加强人工影响天气工作,减轻干旱和雹灾影响。要及时开展人工增雨、防雹等工作，减轻干旱和雹灾等灾害对粮食安全的威胁。

六是做好农产品气候品质认证工作，充分利用好气候资源。吉林省气候资源条件较好，具有多项有地方特色的优质农产品，建议农业部门大力推进各地农产品气候品质认证，通过气候品质认证，增强品牌效应，增加产品的附加值，提升吉林省优势农产品的竞争力。

七是加强气候变化风险评估，强化气候可行性论证，提高气候变化应对能力。气候变化将给经济社会发展带来显著影响，要从粮食安全、能源安全、水资源安全、经济发展、城市运营等多方面全方位评估气候变化风险，推进气候适应型城市建设。同时，建议将气候可行性论证工作纳入立法体系，从政策层面强化重大规划、土地利用、重点工程建设、经济或化工园区项目建设等的气候可行性论证工作，发布吉林省气候可行性论证项目指导目录，根据近年极端天气频发特点，重新编制各城市暴雨强度公式，防范气候变化给各类项目建设带来的风险。

江西省入冬后首场强寒潮对农业生产影响小，天气转好仍需加强冻后管理

郭瑞鸽[1] 李春晖[1] 刘丹[2] 肖安[3] 王丹[4]
（1.江西省农业气象中心；2.江西省气象科学研究所；3.江西省气象台；
4.江西省农业农村厅种植业管理处 2023年12月27日）

摘要：2023年12月15日以来，江西省出现入冬后首场强寒潮天气，阴雨雪、冰（霜）冻接续出现。期间江西省正值脐橙采摘高峰期、大棚蔬菜高产期、大田作物越冬初始期，均处低温敏感时期。气象、农业部门提前联合预警，全省上下积极防御，将寒潮对农业生产的影响降到最低，但个别地区仍存在减产、降质、减收等情况。预计未来10天天气好转，气温有所回升，建议各地加强冻后管理指导，因地制宜采取措施促农业生产快速恢复，保障元旦、春节农产品供应。

一、寒潮给全省带来剧烈降温，前后天气反差显著

2023年12月后期气温迅速转为显著偏低。12月1—14日全省平均气温11.9 ℃，为历年同期第2高值。受多股冷空气南下影响，15—20日出现强降温、大风、雨雪，21—24日持续冷晴天气，15—24日全省平均气温仅2.9 ℃，骤降为历年同期第2低值。

全省大部地区出现入冬以来首场雨雪冰冻。12月15—20日，全省有70个县（市、区）出现雨夹雪或雪，高海拔山区伴有冻雨。

0 ℃以下天数较常年偏多。14—24日0 ℃以下天数，全省平均为4天，较常年同期偏多2.2天。其中，赣北为4～10天，赣中为3～4天，赣南为1～3天。最冷的一天是22日，最低气温赣北达到－4～6 ℃、赣中达到－3～5 ℃、赣南达到－1～3 ℃。

二、各地积极防御，将寒潮影响降到最低，但仍有个别地区受灾

12月11日，气象、农业部门首次联合发布预警，在寒潮到来之前，争取到了5～10天左右的防御时间。各级政府、涉农部门高度重视，积极有力、有效防御，将寒潮对农业生产的影响降到最低，但个别地区还是在一定程度上存在减产、降质、减收等情况。据气象和农业部门联合对赣州、抚州、吉安、宜春、九江等地开展实地调查发现：

脐橙：正值采果期。本次寒潮主要影响树上果实，未覆盖的留树果实受冻、商品果率下降；嫩梢受冻，但对树体越冬影响不大。主产区赣州市提前动员果农采摘下树，霜冻前采摘进度约达80%；对未采的果实，大部分果农采取了遮阳网、塑膜覆盖树冠保温，果实未受冻。个别果农未提前采果、也未进行覆盖防冻，果实出现受冻现象。已采完果的园区部分嫩梢和枝叶受冻，对树体安全越冬影响不大。

设施蔬菜：对于规模化产区，低温主要影响蔬菜生长速度、上市时间。各地气象部门逐小时滚动预报、蔬菜部门动态跟踪，指导菜农做好不同等级的防冻措施，菜农根据气温变化做到了动态防御，有效降低了低温影响，但总体生长减慢。

油菜：当前处于越冬苗期，山区、海拔较高的地块有轻度冻害，叶片多且大、生长旺的油菜叶片因冻萎蔫，长势下降；其余受冻不明显。

其他：低温导致畜牧、水产、其他果蔬等生产成本加大、产出减少。

三、未来10天天气转好，可抓住时机促冻后恢复

据省气象台最新预报，预计未来10天江西省以晴或多云天气为主，气温有所回升，27日最高气温赣北14～16 ℃、赣中16～18 ℃、赣南18～20 ℃；月底可能有一次较弱冷空气过程。未来一段时间天气对冬作物生长、畜牧业生产、冬修水利等总体有利。元旦、春节将至，农副产品市场需求量增大，建议各地加强冻后管理技术指导，促长势转化，以利保障市场供应和农民收益：

（1）柑橘产区做好及时采摘、修剪受冻枝叶、清园等工作，以利防冻防病和安全越冬。

（2）蔬菜产区做好修补破损棚膜、棚内温湿度监控和疫病防治，以利蔬菜健壮生长。

（3）油菜种植区重点做好清理受冻叶片、培土壅蔸、追施肥料等工作。

（4）可利用有利天气，加快高标准农田建设、农田水利建设等工程进度。

第五篇

防灾减灾体系建设及其他

青南地区(玉树、果洛)虫草采挖季雷电灾害分析报告

李万志[1] 刘彩红[1] 石代鑫[2] 余迪[1]
(1. 青海省气候中心;2. 青海省气象局应急与减灾处 2023年5月11日)

摘要:根据2000—2022年气象资料分析,青南地区共发生雷电灾害84起,其中玉树58起,果洛26起,仅2022年青南地区就发生雷电灾害22起,造成20人死亡,雷击事件发生频次和人员伤亡数为近年来最多。青海省雷电密度最高的区域在海拔4500米以上的青南地区,雷电主要发生时期为每年的6—9月,主要发生时段为14—20时。通过对虫草生长环境进行调查分析,发现海拔高度在4000~4800米的山区是虫草生长最适宜的区域。雷电高发区和虫草生长区高度重合,加之虫草采挖季人员聚集,是造成青南地区遭受雷击事件最多的主要原因。

一、青南地区雷电特征

(一)雷电发生空间分布

根据青海省闪电定位资料显示,青海省地闪密度最高值主要出现在平均海拔4500米以上的青南地区,其中地闪密度的高值区主要位于玉树州的玉树市、囊谦县、杂多县和治多县的东部地区以及果洛州的班玛县和久治县(图1a)。从闪电强度来看玉树州治多县中部、曲麻莱县西部以及果洛州甘德县南部、久治县北部、玛沁县东部、治多县中部易发生高强度闪电(图1b)。

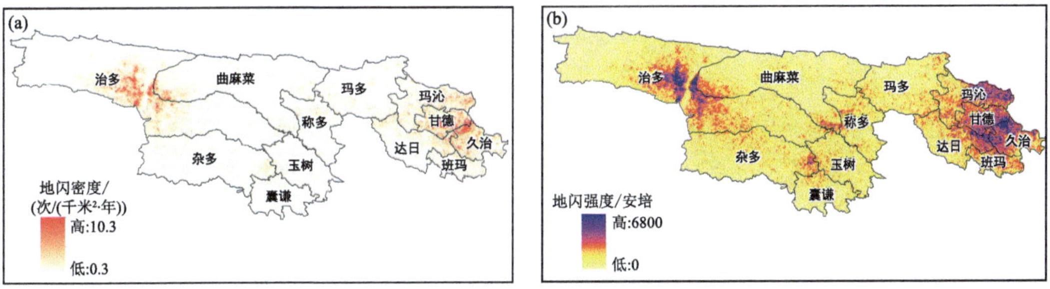

图1 2014—2021年青南地区地闪密度(a)及地闪强度(b)空间分布

(二)雷电发生时间分布

从地闪频次发生时间变化来看,青南地区闪电是从3月开始,11月结束,6—9月是闪电高发期,其中8月、9月是闪电频次峰值,11月最少(图2a)。从日变化来看,雷电在当日00时至次日12时发生较少,13时开始地闪频次增加,至17时地闪频次达到峰值,随后开始减

少(图 2b)。

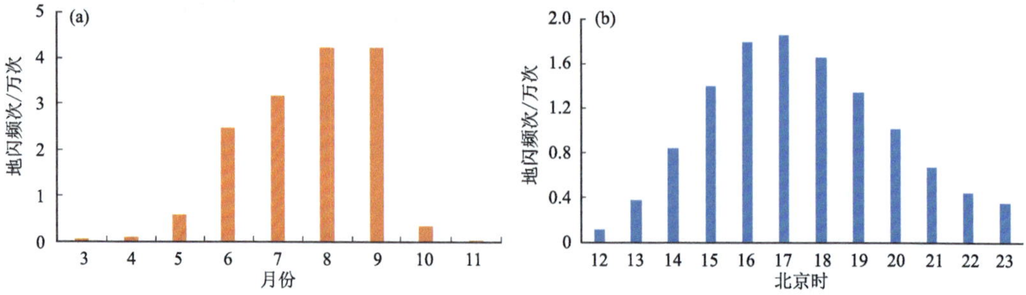

图 2　2014—2021 年青南地区闪电频次月变化(a)及日变化(b)

二、虫草生长环境特征

虫草及其寄主昆虫分布与地形、植被、气候等密切相关。通过对虫草的生态环境进行了调查,利用海拔高度、植被类型、土壤类型三个因素确定了虫草的适宜性分布区,主要分布在果洛州和玉树州(图 3)。虫草资源主要分布在海拔 3500～5100 米范围内,最适宜的海拔是 4000～4800 米,在这一区域虫草资源分布集中,农牧民主要在此区域采挖虫草;在这一海拔高度向上 300 米或者向下 500 米也适宜虫草生长,但分布较少(表 1)。

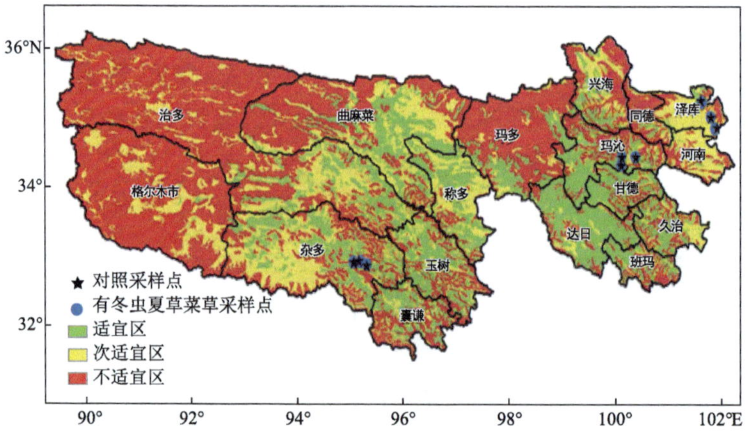

图 3　三江源区虫草适宜性空间分布

表 1　虫草资源适宜性空间划分

适宜性	海拔高度/米	植被类型	适宜性分布情况
适宜区	4000～4800	高山草甸、亚高山草甸、高山灌丛草甸类	适宜分布区、分布较多、农牧民主要采集区
次适宜区	3500～4000 4800～5100	高山草原类	分布较少、农牧民非主要采集区

三、雷电灾害情况分析

(一)雷电灾害统计

2000—2022 年青南地区共发生雷电灾害 84 起,其中玉树 58 起,果洛 26 起。按照损害类别将雷电灾害分为人员伤亡事件、牲畜伤亡事件和电子设备受损事件,青南地区雷电灾害中人员伤亡事件居多,达到 51 起,占青南地区雷电灾害总数的 60.7%(表 2)。

表 2　青南地区雷电灾害数及分类对比

青南地区	雷电灾害/起	人员伤亡事件/起	牲畜伤亡事件/起	电子设备受损事件/起
玉树	58	44	1	13
果洛	26	7	3	16
合计	84	51	4	29

(二)雷电灾害时间分布特征

青南地区雷电灾害发生时间主要集中在 5—7 月,共发生 65 起,占比达到全年的 77.4%。其中,6 月发生次数最多,共发生 29 次,其次为 7 月,发生 22 次(图 4a)。通过对青南地区有小时记录的 37 起雷电灾害事件进行分析得出,雷电灾害事件的高发时段主要集中在 16—19 时(北京时,下同),占雷电灾害事件总次数的 84.2%(图 4b)。这与地闪发生频次高值区有着一致性,空间上两者都集中出现在玉树市、囊谦县、杂多县及治多县。

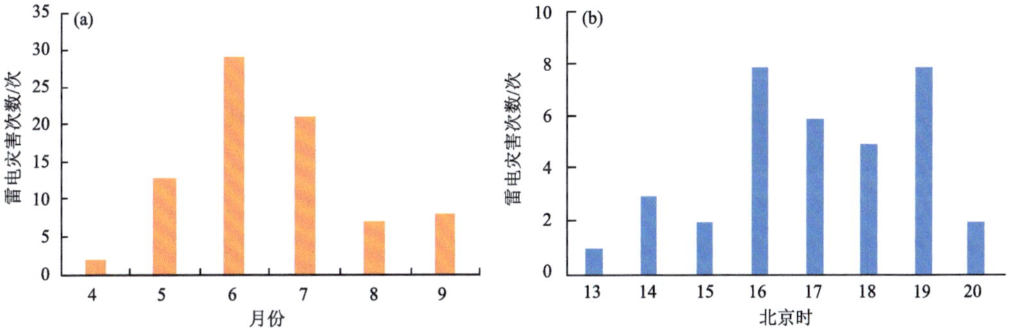

图 4　青南地区雷电灾情次数月变化(a)和日变化(b)

(三)雷电灾害空间分布特征

从雷电灾害事件次数空间分布来看,雷电灾害主要发生在玉树州的玉树市、囊谦县、杂多县和治多县以及果洛州的甘德县。其中囊谦县为雷电灾害事件发生次数最多的地区,累计发生 15 次,其次为玉树市、杂多县和治多县,且多为人员伤亡事件(图 5a)。从虫草采挖点的分布图上可以看出,雷电灾害事件多发生在虫草采挖点的密集地区(图 5b)。

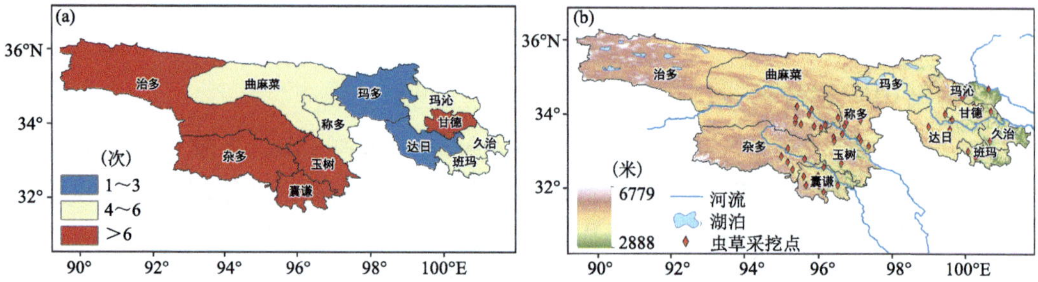

图5 青海牧区雷电灾害发生次数(a)及虫草采挖点(b)空间分布

(四)雷电灾害成因

通过对比发现,虫草适宜生长环境和雷电易发环境具有很高的相似性。在海拔高度上,虫草生长适宜区和雷电灾害易发区都在4000～4800米左右,由于气候变暖导致冰川冻土融化、雪线上升,虫草生长适宜地域范围向高海拔迁移且更加集中,使虫草采挖人员多处于雷电高发区(表3)。同时虫草采挖点多为空旷地区,无躲避场所和保护措施,这些都增加了虫草采挖人员遭受雷击的概率。

表3 虫草生长环境与雷电灾害易发环境对比

适宜性	海拔高度/米	坡度	坡向
虫草生长适宜区	4000～4800	20°～35°	高山阴坡或半阴半阳坡
雷电易发区	4000～4800	0°～35°	东北坡(阴坡)

四、对策建议

一是加强雷电监测预警及发布工作。在玉树、果洛等雷击事故高发区加密布设三维闪电定位仪、大气电场仪等雷电监测设备,强化卫星、雷达等多源数据在雷电灾害监测中的应用,积极开展雷电灾害风险区划与评估。利用广播电视、互联网平台、手机短信、应急广播、微信等手段及时发布雷电灾害预警及防御信息,着力解决雷电预警信息发布“最后一公里”问题。二是强化政府主导下的部门联动机制建设和安全生产责任。指导玉树、果洛等市(州)政府建立气象、应急管理、公安、自然资源、通信管理、科协、宣传以及教育等部门的协调联动机制,压实虫草采挖地县、乡镇、村两委负责人及草场经营人安全生产责任。推动玉树、果洛等地方人大、政府出台雷电防御安全工作的法规及政府规章,进一步完善“党委领导、政府主导、部门联动、社会参与”的雷电灾害防御机制。三是广泛开展雷电灾害科普宣传。按照“科学避险,有效预防”的方针,积极开展防雷科普教育进乡镇、进村社、进寺庙、进学校、进牧区等活动。组织工作人员结合典型案例,面向农牧民、乡镇及村社干部等人群举办藏汉双语雷电灾害科普培训班,制作并广泛宣传藏汉双语防雷科普短视频,提升广大群众防御雷电灾害的自救意识和防范能力。

我国城市防汛存在的问题及对策建议

李修仓[1] 翟建青[1] 梅梅[1] 刘远[1] 李柔珂[1] 石英[1] 叶殿秀[1]
陈鲜艳[1] 石帅[1] 李威[1] 连治华[2]
（1. 国家气候中心；2. 国家气象中心 2023年8月4日）

摘要：7月29日至8月1日，京津冀地区出现极端强降雨过程，多地出现严重城市内涝、洪水和地质灾害，造成重大人员伤亡。习近平总书记对救灾抗灾和防汛关键期强化监测预报预警等作出重要指示。在全球气候变化与快速城镇化的背景下，极端暴雨对我国城市经济社会平稳运行的冲击和影响在增大。现有城市设防标准不适应气候变化下新的防汛形势，气象灾害监测预报预警能力及部门协同联动机制等仍存在短板不足，城市公众防灾避灾意识仍有欠缺，建议加强极端降水事件对城市影响研究，提高监测、预报、预警服务能力，加强城市治理力度，增强城市防御气象灾害的“韧性”，加强气象灾害科普宣传，提高极端灾害公众防御意识。

一、我国城市防汛面临的风险与挑战

（一）城市极端降水频次增加、强度增强

随着全球变暖加剧，我国极端降水发生频次呈显著增加趋势。1961年以来，全国年暴雨（日降水量≥50毫米）日数呈增加趋势，平均每10年增加4.2%。城市地区由于“热岛”、“雨岛”和“混浊岛”等效应加剧了暴雨频次和强度。对比分析京津冀、长三角、粤港澳、成渝、长江中游、中原、关中平原七大城市群2000年前后各20年降水过程频次、强度特征，发现我国城市群降水过程发生频次增多，总体呈上升趋势，且强降水过程趋于集中。例如2008年上海“8·25”、2012年北京“7·21”、2017年广州“5·7”、2021年郑州“7·20”以及2023年京津冀大范围暴雨事件等，都凸显了过程总雨量大且小时雨强大的特征。

在全球变暖背景下，预估未来中国年降水量将呈增加趋势。21世纪近期（2026—2045年），京津冀等城市群夏季和年平均降水以增加为主，强降水量、最大连续5日降水量、降雨日数、中雨日数和大雨日数呈增加趋势，暴雨灾害风险范围随着城市扩张而增大。

（二）城市暴露度和脆弱性高，是极端降水事件影响的高风险区

城市人口密集、建筑集中、交通拥挤、资产聚集，具有高暴露度和高脆弱性的特征，是极端降水事件的高风险区。首先，城市区域大范围地面硬化，透水下垫面及沟渠河网密度低，降水主要依赖于地下排水系统泄出，在降水量超出系统负荷时容易引起内涝灾害。其次，近年来随着城市化快速发展，暴露在极端气象灾害下的城区面积、城镇人口快速增加。特别是毗邻山地的城市郊区或新建城区，极端降水易引发山洪和滑坡、泥石流等地质灾害，这类灾

害局地性强、过程猛烈、致灾风险高，工程防范和预报预警均较为困难，极易引起人员伤亡和重大财产损失。

二、城市防汛气象服务工作情况

（1）加强城市气象服务统筹谋划和系统部署。中国气象局印发《推进大城市气象保障服务高质量发展的指导意见》《关于进一步做好大城市气象预报预警服务工作的通知》等文件。推动106个大城市出台城市气象保障服务高质量发展工作方案。与住建部、国家发展改革委联合出台《关于进一步规范城市内涝防治有关信息发布的通知》。

（2）加强城市气象灾害监测预报预警。推动构建地空天一体化的城市综合气象观测系统，城市地面气象观测盲区进一步缩小，天气雷达监测覆盖率超过90%。大城市未来24小时预报空间分辨率普遍达到1千米，时间分辨率最高达到10分钟。2022年全国强对流预警时间提前至42分钟，暴雨预警准确率达91%。因地制宜建立递进式气象服务模式，北京、湖南、河南等地递进式服务模式在应对暴雨等灾害性天气中取得成功实践。全国预警信息发布公众覆盖率达97.67%，预警实现1分钟内送达政府决策用户，2分钟内送达高敏感行业，3分钟内送达应急责任人，3～8分钟送达社会公众。

（3）推动建立以气象预警为先导的应急联动机制。与应急管理、水利、自然资源等部门开展常态化会商。285个地（市）出台规范性文件，将气象预警纳入防汛启动条件。联合应急管理部组织各地优化高级别气象灾害预警叫应流程和标准，面向市（县）党政一把手和应急管理部门实现高级别预警叫应业务化。全面推进“网格＋气象”行动，完成69.9万名气象信息员备案工作。积极开展气象灾害科普教育进基层、进社区活动，城市公众气象灾害科普率达到81.6%。

三、存在的困难及问题

（一）城市设防标准亟待更新

气候变化背景下，城市地区设防标准已无法满足当前及未来状况。我国各级别城市多沿江河分布、依堤防洪，中等以上城市的堤防标准普遍在100年一遇以上，重点防洪城市为200年一遇。《城镇内涝防治技术规范》（GB 51222—2017）规定的设计重现期：大城市30～50年一遇、特大城市50～100年一遇、超大城市100年一遇。但大部分城市老城区管网设计重现期为1年一遇、0.5年一遇甚至0.33年一遇，新建城区管网标准也多为1～2年一遇。

此外，城市下垫面发生巨大变化，河流因河道萎缩、挤占而行洪能力下降，城市地面硬化使径流系数增大、汇流速度加快，人水争地影响低地蓄水和河道排水空间，骨干排涝管网能力不足，外围江河水位、潮位顶托，均成为加重城市洪涝的主要原因。随着气候变化和下垫面变化，原有城市设防标准已无法满足当前及未来防汛现状。

（二）气象监测预报预警能力有待提升

城市中小尺度灾害性天气系统及河道管网等基础设施区域的精细化气象监测能力不

足，易灾区气象观测站应急通讯能力薄弱，社会化气象观测还处于初级阶段。对极端灾害性暴雨形成机理认识还不全面。由于极端暴雨历史个例少，对其分布特征和变化规律、多尺度天气系统相互作用、地形和城市下垫面作用、致灾机理和致灾因子等的科学认知还不够全面和深入。其次，极端灾害性暴雨监测预报和城市风险预警能力还很有限。支撑灾害预报的数值天气预报、气候系统模式等“卡脖子”关键核心技术较国际先进水平还存在较大差距，现有预报技术手段还不能实现极端暴雨强度、落区和起止时间的精准和精细预报。暴雨预警的时效性、实用性还有待提高。基于城市内涝、山洪和地质灾害等气象风险预估不够精细化，对于城市极端暴雨诱发次生灾害的风险预警能力有待增强。

（三）部门间数据共享及协同联动不深

城市防汛的水文数据、城市内涝灾情数据、城市雨水管渠设计和地下管网数据、内涝防治有关信息与标准及对应的雨强、雨量等信息尚未实现部门共享。行业数据缺乏统一标准，资料整合复杂，基础资料数字化水平有待进一步提高。尚未建立跨部门的城市内涝气象风险预警业务，缺乏针对性的应急联动预案，融入城市治理程度不够。

（四）城市防汛科技支撑弱

多行业多部委联合攻关的城市防汛国家级项目少，行业内城市防汛项目与气象部门联合少，形成的技术针对性不强。

（五）城市公众气象灾害防御意识不强

城市公共设施防汛自救科普宣传展示不广泛，媒体和网络传播气象信息及灾害防御方面针对性不强，公众较难提取有效信息，以在风险化解的最佳时机做出响应。

四、有关对策建议

（一）加强气候可行性论证，及时修订城市暴雨强度公式

推动将气候可行性论证纳入特大城市规划设计和管理体系，制定涉及城市安全的重大规划、重点工程气候可行性论证强制性评估目录。改造提高城市气象灾害设防标准，全面提高网管排水、城市河道、电力供应载荷、建筑和广告牌等的气象灾害设防标准。充分重视城市发展侵占蓄洪行洪空间、城市生命线遇水脆弱等问题，完善不同领域的标准、规范。全面考虑江河洪水防御、城市防涝排涝和城郊山洪防治，针对超设防暴雨，要考虑气候变化和城市化的影响，补充新数据重新核算城市暴雨频率曲线，复核城市防洪排涝标准，及时修订城市暴雨强度公式和城市防洪排涝有关规划，提升城市防涝能力。

（二）提升城市气象灾害监测预报预警能力

加强城市易灾区、重要基础设施区域气象观测站建设。建立健全法规标准，加快推进社会化气象观测发展和数据共享。灾害发生时优先保障气象观测数据卫星通信传输。建立极端暴雨天气和灾害影响个例库，加大数值预报核心技术创新力度，提升数值模式对极端暴雨等灾害性天气的预报能力。建议开展极端暴雨监测预报预警技术攻关，努力提高预报预警

准确率、提前量和精细化水平。深入开展极端暴雨、城市内涝、山洪和地质灾害气象风险预警技术研究，加强城市气象灾害综合风险隐患排查和成果的深度应用。

（三）强化部门间信息共享和应急联动

加强部门间信息充分共享，包括城市内涝灾害、雨水管渠设计、地下管网数据和内涝防治有关信息与标准及对应的雨强、雨量等信息。由应急管理部、住建部和中国气象局联合指导地方开展城市内涝气象风险预警业务。推动城市气象预报预警信息接入城市安全运行管理指挥系统，提高气象预报预警信息的应用效率。

（四）建立城市防灾减灾专项经费支持机制

多部门联合开展城市防汛科技“卡脖子”技术攻关，在国家科技计划项目中，设置城市防汛专项，加大经费稳定投入，组织多部门开展灾害全链条关键技术研究，不断提升我国城市内涝灾害防御能力。

（五）加强城市气象防汛宣传科普和舆论引导

充分利用好城市高频滚动的短临预报预警气象保障服务产品，通过发布权威解读材料、召开新闻通气会、接受媒体采访等方式，及时、准确、规范传播气象预报预警信息、介绍气象知识、回应关注热点，科学解疑释惑，在城市公共文化设施中增加城市防汛科普内容，不断强化城市气象防汛宣传科普和舆论引导工作。

杭州亚运会开幕式气象风险分析预测

雷媛[1] 刘昌杰[1] 樊高峰[1] 郑志海[2] 殷悦[1] 葛敬文[1] 刘樱[1]

(1. 浙江省气候中心;2. 国家气候中心 2023 年 9 月 6 日)

摘要:根据杭州国家级气象观测站 1991 年以来历史观测资料分析,杭州亚运会开幕式举办时段(19—23 时)降水概率较小(6.5%),高温风险较低(未观测到 33 ℃以上气温),极少出现 5 级以上大风,有台风影响风险。根据最新预测结论,杭州 9 月 21—23 日有降水过程,最高气温可能超过 33 ℃,同时需密切关注台风的影响,提前做好雷电、短时强降水和突发强阵风等强对流天气应对准备。

一、杭州亚运会开幕式气象风险统计分析

杭州亚运会开幕式将于 9 月 23 日 20—22 时举行。根据杭州国家级气象观测站 1991 年以来气象资料分析结果,开幕式当日杭州的主要气象风险如下:

(一)早晨至上午降水概率和强度较大,下午次之,上半夜较小

日降水概率为 35.5%,其中大雨及以上(日降水量大于等于 25 毫米)概率 9.7%,日降水极值为 82.1 毫米(1992 年)。开幕式当日上午(06—12 时)降水概率较高,其中,06 时、07 时和 09 时小时降水概率 26.3%,小时降水最大值为 18 毫米(1992 年 10 时)。开幕式准备时段(14—19 时)降水概率为 19.4%,其中 2 毫米以上概率 9.7%,降水极值为 15.3 毫米(1992 年)(图 1)。据统计,开幕式时段(19—23 时)降水概率为 6.5%,其中 2 毫米以上的概率 3.2%,降水极值为 4.1 毫米(1992 年)。

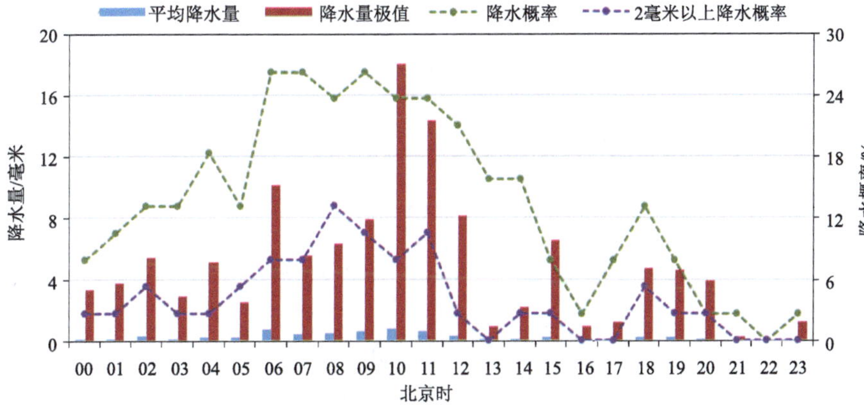

图 1 9 月 23 日逐时平均降水量、降水极大值和有降水概率

(二)中午至下午存在 33 ℃以上高温风险,开幕式时段未出现过 33 ℃以上的气温

日平均气温为 22.7 ℃,最高气温极值为 35.3 ℃(2021 年),最低气温极值为 15.2 ℃(1997 年)。开幕式准备时段(14—19 时)平均气温 25.0 ℃,最高气温 33 ℃以上的概率为 11.1%(图 2)。据统计,开幕式时段(19—23 时)平均气温 22.3 ℃,最高气温极值为 29.5 ℃(2008 年、2013 年),未出现过 33 ℃以上的气温。

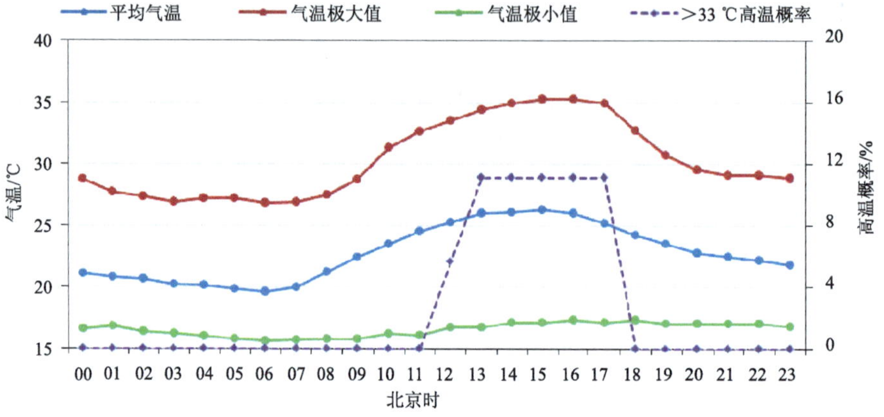

图 2　9 月 23 日逐时平均气温、气温极大值和极小值

(三)平均风速较小,上半夜极少出现 5 级以上大风,风向以西北和东北为主

风向集中在西北偏西—西北偏北和东北偏北—偏东方向,频率最大为西北风(图 3)。日平均风速为 2 米/秒,极大风速极值为 14.1 米/秒(2014 年),5 级以上大风的概率 17.7%。开幕式准备时段(14—19 时)平均风速 2.4 米/秒,5 级以上大风概率 5.6%,期间极大风极值为 8.4 米/秒(2008 年)(图 4)。据统计,开幕式时段(19—23 时)平均风速 1.4 米/秒,期间极大风极值为 7.5 米/秒(2008 年),极少出现 5 级以上大风。

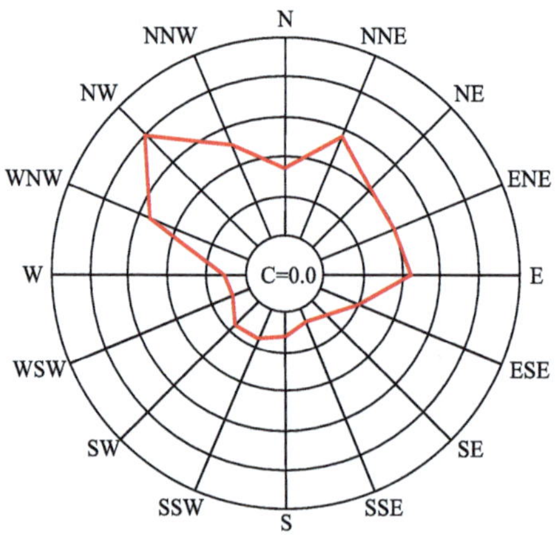

图 3　9 月 23 日风向频率

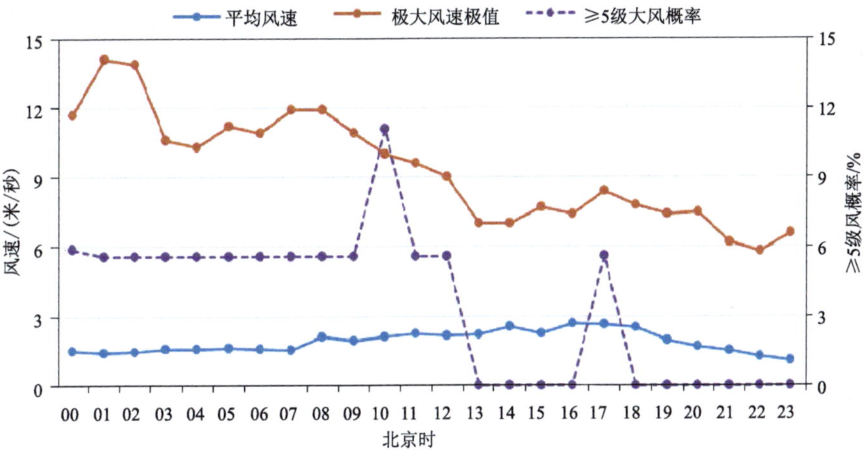

图4 9月23日逐时平均风速、风速极大值和5级以上大风的概率

(四)有台风影响风险，可带来强风雨

1991年以来，9月18—28日共有5个台风对杭州有较明显的影响(表1)。台风影响的极大风速为14.1米/秒(7级，2007年9月18日台风“韦帕”、2014年9月23日台风“凤凰”、2016年9月28日台风“鲶鱼”)，24小时降水量最大值82.1毫米(1992年9月23日“1992年第19号台风”)。

表1 1991年以来9月18—28日影响杭州台风过程的基本信息表

台风编号	台风名称	起始日期	持续时间/天	最大风力(级)及出现日期	累计雨量/毫米	最大日雨量/毫米及出现日期
199219	ted	1992-09-22	2	7 (1992-09-23)	89.4	82.1 (1992-09-23)
199806	todd	1998-09-19	3	5 (1998-09-20)	63.9	56.5 (1998-09-20)
200713	韦帕	2007-09-18	3	7 (2007-09-18)	72.6	38.8 (2007-09-19)
201416	凤凰	2014-09-21	4	7 (2014-09-23)	43.1	29.8 (2014-09-23)
201617	鲶鱼	2016-09-28	2	7 (2016-09-28)	89.4	54.0 (2016-09-28)

二、杭州亚运会开幕式气象风险预测

9月5日下午亚运气象中心和国家气候中心、华东区域气候中心等单位联合召开专题会商，对亚运会期间(9月下旬至10月上旬)和开幕式(9月23日)气候趋势进行研判，预测结论如下：

预计9月下旬至10月上旬副热带高压总体偏强、偏北，主要多雨带位于华北到江淮一带，浙江省总降水量较常年略偏少，气温呈波动式逐渐下降，总体平均气温较常年略偏高，可能有台风影响。杭州9月下旬至10月上旬可能有3次较明显的降水、降温过程，分别出现在9月下旬前期、9月下旬后期至10月初、10月上旬中后期。9月21—23日可能有降水过程，开幕式当日9月23日处于降水过程的结束时段，降水预测的不确定性大。9月下旬杭州最高气温超过33℃的可能性较大，有出现35℃以上的阶段性高温天气的风险。此外，由于9月下旬气温总体较高，遇到阶段性冷空气影响时，易引发雷电、短时强降水和突发强阵风等强对流天气。

由于预报时效较长，气象因子变化存在较大的不确定性，我们将密切监测气象因子的演变，及时滚动订正预测意见。

2023年冬季极端天气可能导致局部电力供需偏紧，建议高度重视气候对能源安全的影响，加快构建我国能源安全监测预警体系

王阳[1] 刘芸芸[1] 章大全[1] 周兵[1] 邹旭恺[1] 赵琳[1] 李威[1]
谭显东[2] 姚力[2] 汲国强[2] 冀星沛[2] 刘之琳[2] 王亚伟[3]
（1. 国家气候中心；2. 国家电网；3. 中国气象局减灾司 2023年12月17日）

摘要：预计冬季（2023年12月至2024年2月）内蒙古、西藏等新能源基地来风、来光偏弱，北方雪灾和南方阶段性低温雨雪冰冻等复合型气象灾害风险加大，阶段性极端天气可能导致局部区域电力供需偏紧。建议高度重视极端天气对能源安全的影响和风险，加快构建我国能源安全监测预警体系，增强气候适应能力。

一、今冬气候趋势、风光资源及气象灾害预测

（1）冬季全国大部地区气温接近常年到偏高，冷暖起伏明显。冬季，除东北北部、内蒙古东北部、西藏中南部气温较常年同期偏低外，全国其余大部地区气温接近常年同期或偏高，其中内蒙古中西部和华北大部等地偏高1～2 ℃。冷空气活动较为活跃，冷暖起伏明显，北方地区可能出现阶段性强降温、强降雪过程，江南和西南地区东部等地可能出现阶段性低温和雨雪冰冻天气。但出现类似2008年1月上旬末至2月初的南方持续时间长、影响范围广的低温雨雪冰冻灾害可能性较小。

（2）内蒙古、西藏等新能源基地来风、来光偏弱。冬季，内蒙古大部、华东南部、华中南部、华南、西藏等地100米高度平均风速偏小；内蒙古中部、辽宁、华北、华东南部、华中南部、华南、西南地区东南部、西藏中东部、西北地区西部等地总辐射量偏弱。风能和太阳能资源的变化不利于上述地区的风光发电出力。

二、今冬能源电力供需预测

（1）预计今冬国内煤炭、天然气供需基本平衡，警惕局地用气高峰时段可能有缺口。随着采暖期到来，煤炭、天然气进入消费旺季，但国内增产保供力度大，能源安全稳定供应有保障。煤炭方面，当前我国电厂库存处于历史高位，煤炭价格总体稳定，为保暖保供提供了坚实基础。天然气方面，预计今冬明春全国天然气需求约1900亿立方米，增速约为5.3%。若华北、华东、西南地区等地出现阶段性强降温或雨雪冰冻天气，可能造成天然气需求快速上升、超过供应能力。

(2)受经济企稳回升、部分地区气温阶段性偏低等因素影响，电力需求增长较快。预计今冬全国最高用电负荷出现在后冬，较去年同期可能增加1.4亿千瓦。分区域看，华中、华东、西南电网区域的采暖用电设备主要是空调、“小太阳”、电热毯等，受低温雨雪冰冻天气影响大，预计最高用电负荷增长较快，增速分别为16%、13%、13%，其他区域增速在7%～12%。分省来看，北京、天津、上海、安徽、湖北、河南6个省级电网负荷增长较快，增速超过15%，21个省级电网负荷增速超过10%。

(3)发电能力持续增长，但极端天气影响下具有一定不确定性。预计今冬全国发电能力同比增长约8100万千瓦。其中，水电、火电、核电、风光新能源发电能力分别增长640万千瓦、6550万千瓦、190万千瓦、760万千瓦左右(风光新能源发电能力按晚高峰时段考虑)。阶段性强降温、雨雪冰冻天气可能导致光伏出力受阻、风机覆冰停机，造成电力保供能力大幅下降，需重点关注新能源装机占比较高、可能发生低温雪灾的东北、西北地区，以及可能发生阶段性低温雨雪冰冻天气的湖北、湖南、江西、四川等省份。

(4)电力供需总体平衡。预计今冬明春期间，通过优化资源配置、开展余缺互济，全国电力供需总体平衡，局地高峰时段电力供需偏紧。分区域来看，预计华北、华东、西北、西南和南方电网区域电力供需平衡偏紧，华中、东北电网区域电力供需平衡有余。如遇燃料短缺、极端寒潮等特殊情况，部分区域高峰时段可能出现电力缺口。

三、对策建议

随着风能、太阳能和水能等可再生能源比重的逐步提高，气候对能源安全的影响将愈发显著。建议高度重视极端天气对能源安全的影响和风险，加快构建能源安全监测预警体系，增强气候适应能力。

一是加强我国能源气候安全建议。将气候变化和极端天气纳入国家能源电力规划，充分考虑气候因素对能源电力安全保供的影响，提高能源电力系统的韧性，加快构建新型电力系统，更好地适应气候变化。建立以国家能源电力主管部门、气象部门和大型能源电力国企为主体的国家能源安全联合“监测—预警—协商—行动”工作机制。

二是提升我国能源安全高效运行保障水平。提高可再生能源的预测精度、延长预测周期，完善调度运行辅助决策功能；完善能源气象服务保障机制和应对极端天气的工作方案，制定分级分类应急保供预案，做好各种极端天气条件下的压力测试；增强跨区域能源互调互济水平，充分发挥“全国一盘棋”的综合效益，提升重大风险共同应对能力。

三是抓好我国今冬电力安全保供。密切关注极端天气对能源供给影响的风险；加大资源保障力度，加强电力设备检修、运维管理；加强新增机组投产督导，确保纳入度冬平衡的保障性电源项目按期投产、早日发电；深挖各类资源调节能力，推动完善分时电价政策，引导用户节约用电、错峰用电。